云南省临沧市

古茶树资源状况

云南省林业调查规划院

孔德昌　编著

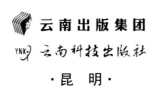

云南出版集团

YNK 云南科技出版社

·昆　明·

图书在版编目（CIP）数据

云南省临沧市古茶树资源状况 / 孔德昌编著 . -- 昆
明 ：云南科技出版社，2021.8(2022.12 重印)
ISBN 978-7-5587-3704-6

Ⅰ . ①云… Ⅱ . ①孔… Ⅲ . ①茶树－植物资源－资源
保护－临沧 Ⅳ . ① S571.1

中国版本图书馆 CIP 数据核字（2021）第 154266 号

云南省临沧市古茶树资源状况
YUNNAN SHENG LINCANG SHI GUCHASHU ZIYUAN ZHUANGKUANG

云南省林业调查规划院

孔德昌　编著

责任编辑：龙　飞
整体设计：吴静华
责任校对：张舒园
责任印制：蒋丽芬

书　　号：ISBN 978-7-5587-3704-6
印　　刷：昆明木行印刷有限公司
开　　本：787mm×1092mm　1/16
印　　张：18
字　　数：350 千字
版　　次：2021 年 8 月第 1 版
印　　次：2022 年 12 月第 2 次印刷
定　　价：198.00 元

出版发行：云南出版集团　云南科技出版社
地　　址：昆明市环城西路 609 号
电　　话：0871-64190978

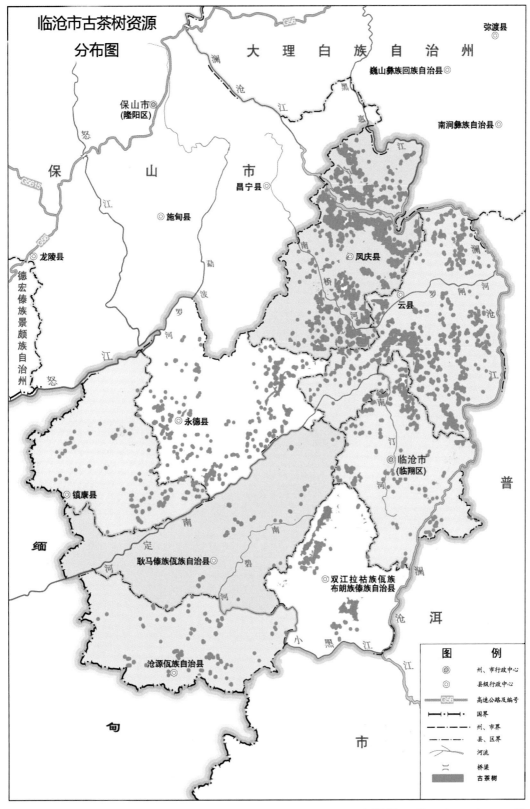

临沧市古茶树资源
分布图

弥渡县 ◎

大 理 白 族 自 治 州

巍山彝族回族自治县 ◎

南涧彝族自治县 ◎

保山市
(隆阳区) ◎

保　　　山　　　市

昌宁县 ◎

施甸县 ◎

凤庆县 ◎

龙陵县 ◎

云县 ◎

德宏傣族景颇族自治州

永德县 ◎

临沧市
(临翔区) ◎

镇康县 ◎

普

耿马傣族佤族自治县 ◎

双江拉祜族佤族
布朗族傣族自治县 ◎

洱

缅

沧源佤族自治县 ◎

市

甸

市

图　　例	
◎	州、市行政中心
◎	县级行政中心
G56	高速公路及编号
—•—•—	国界
—·—·—	州、市界
—··—··—	县、区界
〜〜	河流
⌒	桥梁
▬	古茶树

审图号：云S（2021）230号

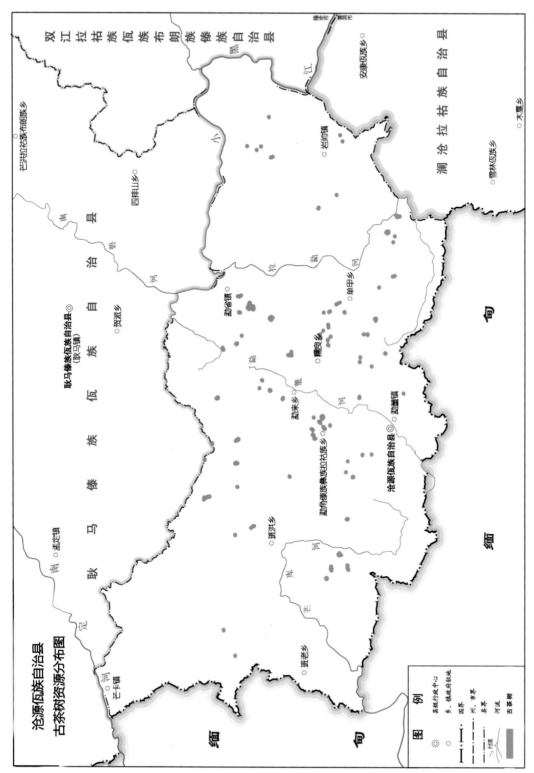

沧源佤族自治县
古茶树资源源分布图

审图号：云S（2021）230号

图　例

◎ 县级行政中心
○ 乡、镇政府驻地
—·—·— 国界
—··—··— 州、市界
—·—·— 县界
～～ 河流
▬▬ 古茶树

双江拉祜族佤族布朗族傣族自治县

黑　江

澜沧拉祜族自治县

安康佤族乡

岩帅镇

雪林佤族乡

木叟乡

芒卡拉祜族布朗族乡

四排山乡

南　碧　河

县

耿马傣族佤族自治县
（耿马镇）

贺派乡

自

治

自

耿　马　傣　族　佤　族

南　孟定镇

勐省镇

糯良乡

单甲乡

勐　拉

勐　董　河

董

勐来乡

班洪乡

勐角傣族彝族拉祜族乡

沧源佤族自治县◎
勐董镇

班老乡

芒　库　河

定　河

芒卡镇

缅

甸

缅

甸

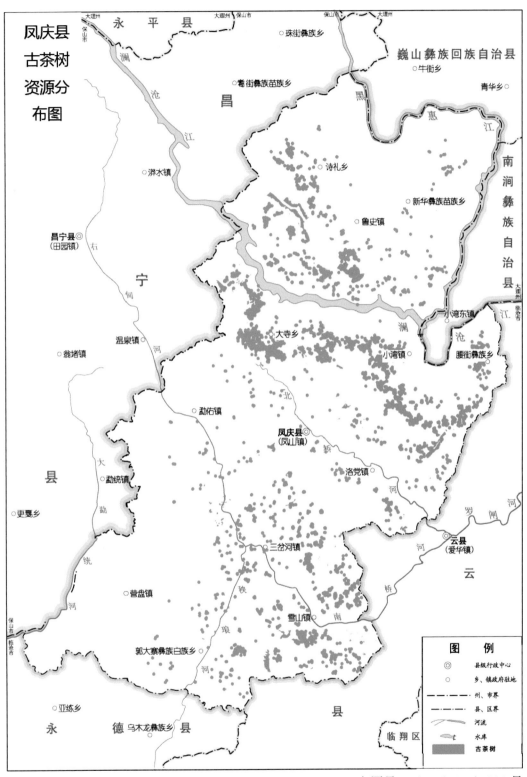

凤庆县
古茶树
资源分
布图

永　平　县
巍山彝族回族自治县
　珠街彝族乡
　牛街乡
昌　　　宁
青华乡　

　乔街彝族苗族乡
　诗礼乡
　新华彝族苗族乡
　鲁史镇
　澌水镇
南　涧　彝　族　自　治　县
昌宁县◎
（田园镇）
　大寺乡
　小湾东镇
　温泉镇
　小湾镇
　腰街彝族乡
　翁堵镇
县　　　宁
　勐佑镇
凤庆县◎
（凤山镇）
　洛党镇
　勐统镇
县
　更戛乡
云县
（爱华镇）
　三岔河镇
云
　营盘镇
　雪山镇
　郭大寨彝族白族乡
　亚练乡
　乌木龙彝族乡　
永　　德　　县
县
临翔区

图　例
◎　县级行政中心
○　乡、镇政府驻地
　　州、市界
　　县、区界
　　河流
　　水库
　　古茶树

审图号：云 S（2021）230 号

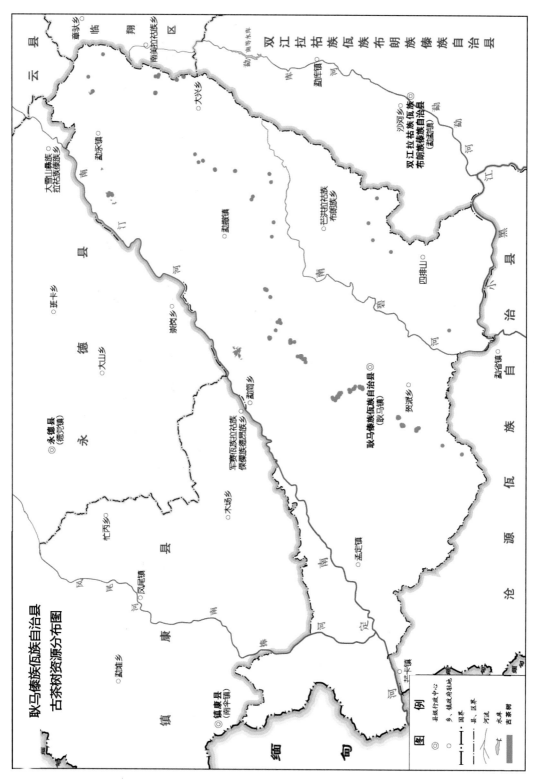

耿马傣族佤族自治县
古茶树资源分布图

审图号：云S（2021）230号

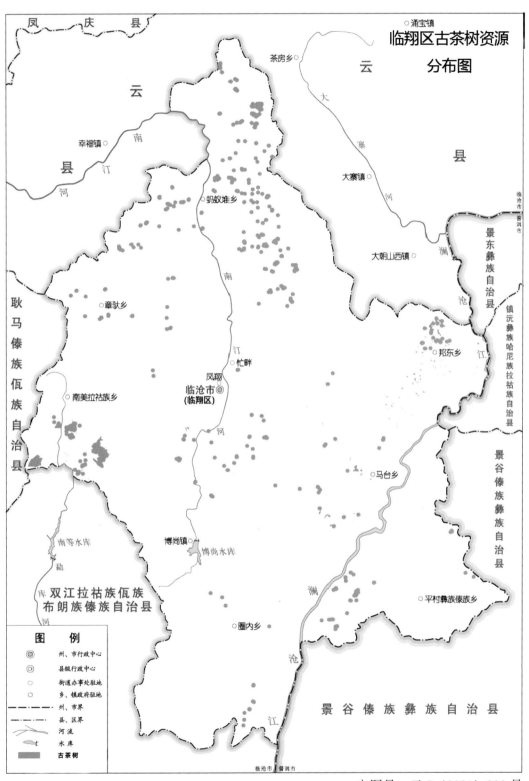

临翔区古茶树资源
分布图

凤 庆 县

云

南

县

涌宝镇

茶房乡

云

大

寨

河

县

幸福镇

蚂蚁堆乡

大寨镇

临沧市 | 普洱市

景东彝族自治县

镇沅彝族哈尼族拉祜族自治县

大朝山西镇

耿马傣族佤族自治县

章驮乡

南

澜

沧

江

忙畔

风翔

临沧市
(临翔区)

南美拉祜族乡

邦东乡

江

景谷傣族彝族自治县

河

马台乡

南等水库

勐

博尚镇

博尚水库

双江拉祜族佤族
布朗族傣族自治县

库

河

平村彝族傣族乡

圈内乡

澜

沧

江

景 谷 傣 族 彝 族 自 治 县

临沧市 | 普洱市

图 例
- ◎ 州、市行政中心
- ◎ 县级行政中心
- ○ 街道办事处驻地
- ○ 乡、镇政府驻地
- —·— 州、市界
- —··— 县、区界
- 河流
- 水库
- 古茶树

审图号：云 S（2021）230 号

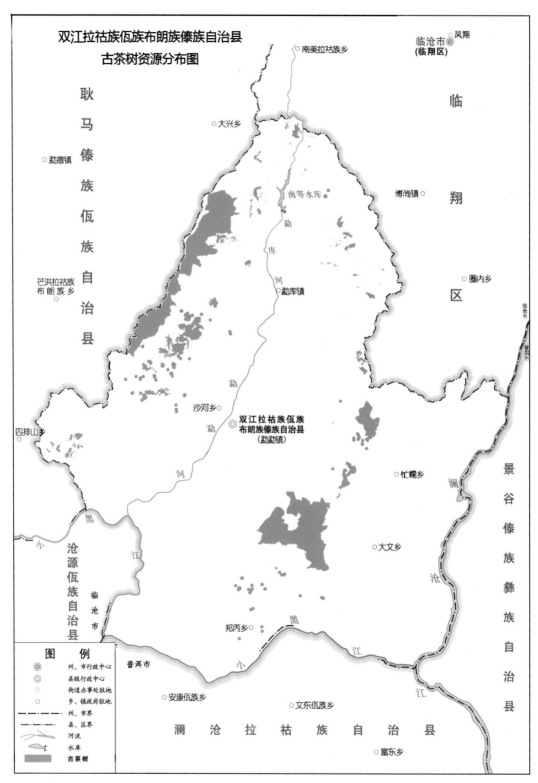

双江拉祜族佤族布朗族傣族自治县
古茶树资源分布图

图　例
◎　州、市行政中心
◎　县级行政中心
○　街道办事处驻地
○　乡、镇政府驻地
---　州、市界
—·—·—　县、区界
河流
水库
古茶树

审图号：云 S（2021）230 号

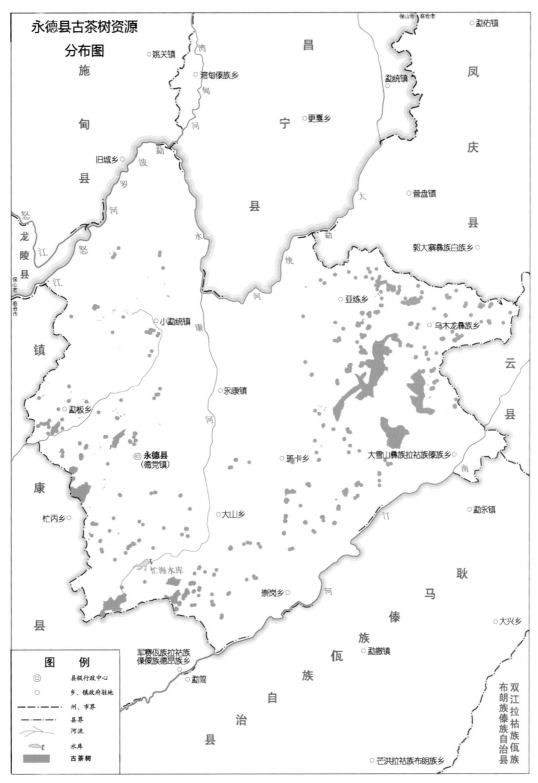

永德县古茶树资源
分布图

图　例
◎　县级行政中心
○　乡、镇政府驻地
—··—　州、市界
—·—　县界
　　　河流
　　　水库
　　　古茶树

审图号：云 S（2021）230 号

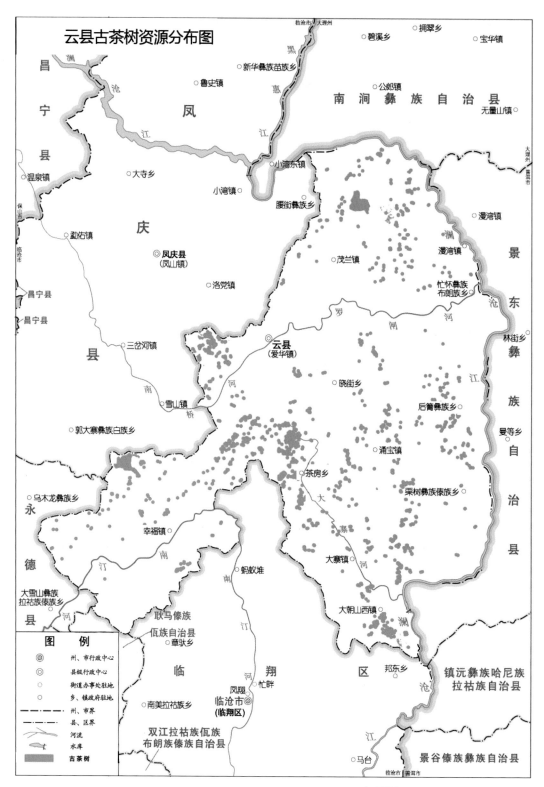

云县古茶树资源分布图

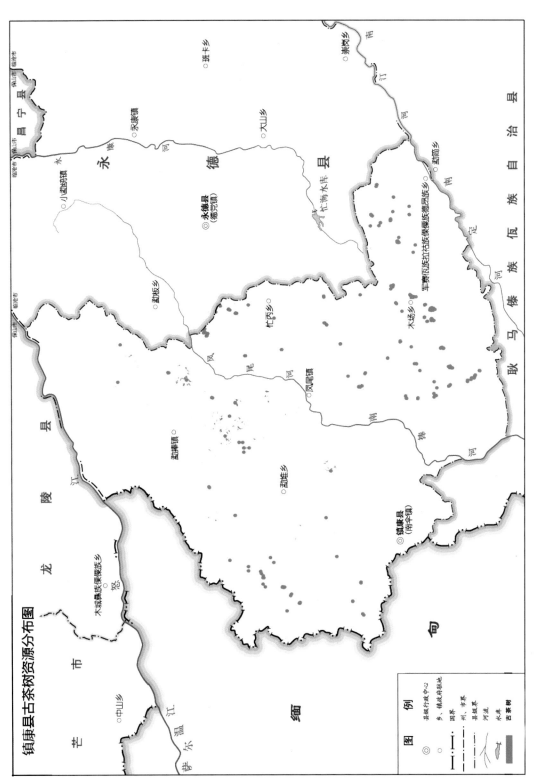

镇康县古茶树资源分布图

审图号：云S（2021）230号

图　例

◎　县级行政中心
○　乡、镇或府驻地
　　国界
　　州、市界
　　县级界
　　河流
　　水库
　　古茶树

前　言

云南是茶树的起源和多样性中心，是种质资源集中分布区，也是迄今所知的世界上古茶树保存面积最大的省份，是举世公认的"古茶树王国"。古茶树是祖先遗留给我们的宝贵遗产；是长期自然选择和人类驯化种植而保留的宝贵种质资源；是大自然神奇造化的产物；是古代先民创造的物质和精神财富的结晶；是全人类的共同财富；是珍贵的自然文化遗产。优越的自然环境，使临沧成为在全省乃至全国，甚至全世界范围内，古茶树资源最为丰富，茶树种类最多，栽培茶品种类型多样，古茶园面积最大，古茶树保存最多，野生古茶群落分布面积最大的地区。

近年来，随着古树茶价格节节攀升，古茶树资源保护与利用之间的矛盾日益突出，古茶树及其生境存在不同程度破坏和退化，部分区域危及到茶树的生存和资源的可持续利用。为此，云南省委、省政府高度重视，要求以最严规划、最硬执法、最实举措全力保护古茶山、古茶树资源，确保古茶树这一稀缺资源在有效保护的前提下可持续利用。进行云南省古茶树资源调查，摸清资源家底，掌握资源动态变化，开展古茶树科学保护和合理利用规划，加强古茶树分布区域生态修复，有利于振兴和提升云南特色茶产业及绿色产业、促进边疆繁荣稳定，对打造云南世界一流"绿色食品牌"及"健康生活目的地"具有十分重要的意义。

为进一步摸清古茶树资源家底，掌握经营利用情况，制定古茶树资源保护管理和合理利用的规划，根据《云南省林业和草原局 云南省自然资源厅 云南省农业农村厅关于开展古茶树（园）资源联合调查的通知》（云林联发〔2019〕24号）要求，2019年11月至2020年9月，在技术支撑单位云南省林业调查规划院技术指导下，临沧市、各县（区）采取多部门、多机构联合组织专项调查技术人员，采取上下结合的方式，对本行政区域古茶树集中连片分布、资源利用悠久或具有代表性的单株进行了调查。本次调查全市古茶群落面积达413176.58亩，占全省古茶群落面积676611.99亩的61.07%，代表性的单株17049株。

在本次调查的基础上，编著完成了《云南省临沧市古茶树资源状况》。本书较为系统全面地介绍了临沧各县（区）野生茶树群落、栽培型古茶园和单株古茶树的面积、株数、权属、分布范围、空间位置、群落类型、种质资源及古茶名山状况等。由于受各方面条件的影响，仍有一些古茶树资源未能得到补充调查完善，且本次调查的调查方法、统计方式导致调查结果与各级、各部门掌握和发布的数据不一致。但仍能为省、市、县有关部门在研究、制定古茶树保护方面的法律法规和措施提供较为可靠的基础性数据，为各级政府对古茶树资源的管理和保护提供基础性依据。

本书的编著得到了省、市、县（区）各级、各部门的大力支持和协助，广大技术人员的艰辛努力以及基层干部职工的积极支持配合，在此一并表示衷心地感谢！鉴于编者水平有限，不足和疏漏之处在所难免，望广大的读者给予批评指正。

编　者
2021 年 6 月

目　录

第一章
临沧篇

第一节 临沧概况

一、 地理位置与行政区划

临沧，古称缅宁，以濒临澜沧江而得名，位于祖国的西南边陲，澜沧江畔，云南省的西南部。市政府驻地临翔区。

临沧是我国佤文化荟萃之地，全市现有佤族人口35万人，占全国佤族总人口的三分之二。沧源佤族自治县是佤族最集中的地区，神奇美丽的阿佤山，有闻名海内外距今3500多年历史的中国八大古崖画之一的沧源崖画；有与缅甸山水相连的南滚河国家级自然保护区；有建于清代道光年间，集建筑、雕刻、绘画为一体的云南民族地区南传上座部佛教代表建筑之一的广允佛寺；有保留较完整的从奴隶社会直接跨入现代文明的佤族原始群居村落；有丰富的佤族民间文学艺术和独特的饮食文化，其中木鼓舞、甩发舞享誉中外，集中展现了中国佤族文化的内涵。

临沧是世界著名的"滇红"之乡、全国著名的"核桃之乡"，是世界种茶的原生地之一，有500余年的种茶制茶历史，全市茶叶面积和产量均为云南第一。临沧也是昆明通往缅甸仰光的陆上捷径，全市有沧源、耿马、镇康三个县与缅甸接壤，国境线长290.8公里。昆明经临沧出境至缅甸仰光公路里程仅1893公里，因此又被誉为"南方丝绸之路"和"西南丝茶古道"。临沧市地理位置介于东经98°40′～100°34′，北纬23°05′～25°02′之间，东与普洱市相连、西与保山市相邻、北与大理白族自治州相接、南与邻国缅甸接壤。

临沧市辖临翔区、凤庆县、云县、永德县、镇康县、双江拉祜族佤族布朗族傣族自治县、耿马傣族佤族自治县、沧源佤族自治县等8个县（区），国土面积约占云南省国土总面积的十六分之一，是我国西南边疆的重要门户和生态安全屏障，战略地位十分重要。

二、地质地貌

（一）地质

临沧市区域内除个别地层缺失外，从下古生界至新生界沉积岩、岩浆岩和变质岩均有出露。区内各次构造运动的发生，均有不同程度的岩浆活动，其分布范围遍及各地，喷出岩产生于古生代华力西期，侵入岩具有多期活动的特征。境内处于径向、纬向及"歹"字型三大构造体系的复合部，其构造具有向南东和南西撒开、向北西及北东收敛之特点。在漫长的地史时期，各部位在不同方向和应力的作用下，形成了不同方向、不同力学性质的构造形迹，从而组成了各种构造形式。

临沧市地处横断山脉怒山和云岭的南延部分，为怒江和澜沧江的分水岭，属"滇西纵谷区"；河谷纵横，山峦重叠，老别山、邦马山虎踞龙盘，气势磅礴。境内主要母岩有沉积岩、变质岩、石灰岩、千枚岩、砂页岩、灰色板岩等。

（二）地貌

临沧市地处澜沧江、怒江两大水系之间，地形总趋势由东北向西南倾斜，呈中部高四周低。中生代的燕山运动及新生代的喜玛拉雅山运动，给境内地形强烈影响，形成积压紧密褶曲和断层，并逐渐抬升。印支运动初期侵入岩（花岗岩）经过地质作用后，形成境内的主要山脊。西北、西南走向的老别山和邦马山两大山脉，主峰为永德大雪山（海拔 3504 米）、临沧东北邦东大雪山（海拔 3429 米）和双江大雪山（海拔 3233 米），另有 3003 米的双江东南大青山、凤庆东南的黄竹林山（海拔 3098 米），以及从东到西、从南到北纵横交错的 50 多座海拔 2000 米以上的山峰。境内构造隆起具有间歇性，层状地貌发育有梯状剥蚀面、梯级盆地和梯地。形成了高低悬殊、山峦叠峰、群峰纵横、河床狭陡。以垂直分布为主，山间小盆地点缀的垂直地带性复杂地形，其中高原和山地约占临沧市总面积的 92%，盆地约占 8%。主要河流有南汀河、罗闸河、南棒河、小黑江等，流向与地形构造方向基本一致。

怒江山脉余脉纵贯南北，境内东部的澜沧江峡谷山高水急；西部的怒江，山谷陡峭，水流湍急。两江拥抱中的临沧市形成五个单元地貌：①中山切割陡坡地型；②山间侵蚀堆积盆地型；③深切中山狭谷地型；④中山岩溶地型；⑤中山切割缓坡地型。

三、气候

临沧市气候属典型的季风气候，四季温差不大，干湿季分明，垂直变化突出，是典型的"四季如春"之地。历年平均气温在 16.5～22.3℃之间；最热月平均气温在 20.5～26.0℃之间，最冷月平均气温在 10.0～12.6℃之间；极端最高气温为耿马县孟定镇 41.4℃，极端最低气温为永德大雪山 -4.3℃。全年无霜期为 317～357 天。年平均降水量为 1416.3 毫米，年平均相对湿度 69%～81%。全年多静风，平均风速为 0.7～1.8 米/秒。区内不同海拔地带，气候和土壤、植被情况各异，海拔每升高 100 米，气温下降约 0.5～0.6℃。全区日照充足，热源丰富，年平均日照时数在 1894.1～2261.6 小时之间。

区域内 11 月至次年 4 月为干季，这一时期常受西风环流的南支干暖大陆性急流气团的控制，气候干燥少雨，风大，日照长，温差大，雨量占全年的 10%～20%，雨日占全年的 20%～30%。5～10 月为雨季，为西南风控制，常受孟加拉湾暖湿西南气流的影响，雨量多而集中。夏季大雨、暴雨多生于 6～8 月，雨量占全年的 80% 以上，雨日占全年的 70% 以上，日照减少，年极端最高气温为雨季前的 5～6 月。

境内气候具有亚热带低纬高原山地气候特点。按气候带可分为：北热带、南亚热带、中亚热带、北亚热带、南温带、中温带 6 种类型。

四、水系

临沧全市分属澜沧江、怒江两大流域，均发源于青藏高原，属国际河流。临沧市境内集水面积分别占51.5%和48.5%。其中，澜沧江从大理境内由北向东南流入，流经凤庆、云县、临翔、双江东缘进入普洱市、版纳出境，最后注入太平洋，临沧市境内流程232公里；怒江从保山市境内由北向西南流入，流经永德、镇康西侧后进入缅甸，最后注入印度洋，临沧市境内流程42公里。

临沧市行政范围内，凤庆、云县、永德、耿马、沧源5个县及临翔区所辖行政范围同时分属澜沧江流域和怒江流域；镇康县所辖行政范围全属怒江流域，双江县所辖行政范围全属澜沧江流域。

临沧市内河流众多、水系较发达。全市境内流域面积在100平方公里以上的河流共有51条。集水面积大于200平方公里以上的有30条，集水面积大于1000平方公里的河流有7条，分别为罗闸河、小黑江、南汀河、南捧河、永康河、勐勐河和大勐统河。其中罗闸河和小黑江为澜沧江流域的一级支流，南汀河为怒江流域的一级出境支流，勐勐河为澜沧江流域的二级支流，南捧河和永康河（发源于保山）为怒江流域的二级支流，大勐统河为怒江流域的三级支流。

五、土壤

临沧市境内有土壤10个土类，19个亚类，72个土属，348个土种。可分为地带性土壤6个，非地带性土壤4个。由于受地形、气候、植被、人类活动的影响，区内砖红壤、赤红壤、红壤、黄壤、黄棕壤、亚高山草甸土等6个土类，有明显的地带性垂直分布。其中，砖红壤主要分布在海拔800米以下，约占2.3%；赤红壤主要分布在海拔800~1300米之间，约占20.3%；红壤分布在海拔1300~2200米之间，约占48.4%；黄壤分布在海拔2100~2400米之间，约占14.5%；黄棕壤分布在海拔2400~3000米之间，约占4.0%；亚高山草甸土仅分布在海拔3000~3504米之间的永德大雪山、临沧大雪山和双江大雪山的山顶上部，约占0.08%；其他为非地带性，冲积土又称潮土，主要分布在河流两岸的河漫滩上，约占0.09%；红色石灰土分布在耿马、镇康、永德、沧源的山区，约占2.6%；紫色土在镇康、永德有零星分布，约占4.1%；水稻土多分布在坝区农田内，约占3.6%。

六、植被

临沧市植被属北亚热带季雨林、半常绿季雨林地带中的滇西南河谷山地半常绿季雨林植被区，境内自然植被垂直分布明显，大致呈4个类型。

季雨林分布在海拔800米以下，终年常绿。主要乔木树种有酸枣、印度栲、小果栲、黄毛青冈、八宝树、黄杞、厚皮树等30余种。灌木主要有山芝麻、野牡丹、山麻秆、算盘子等。藤本植物主要有钩藤、刺果藤、绞杀榕、羊角筋等。草本植物主要有紫茎泽兰、野古草、山姜、砂仁、野芭蕉、白茅等。附生类植物主要有岩姜蕨、石斛、皇冠蕨、树头发等。栽培植物主要有橡胶、大叶茶、铁力木、蕃木瓜、香蕉、荔枝、菠萝蜜等。

亚热性常绿阔叶林分布在海拔为740～1800米之间，林木树种以木兰科、山茶科和樟科为主，树种主要有栲树、扁刺椎栗、诃子树、西南桦、滇桦、云南樟、冬青、厚皮香、大叶合欢、野山茶等30余种。藤本植物主要有牛栓藤、藤竹、五味子等。草本植物主要有硬杆子草、白茅、竹节草、莎草、雀稗、香泽兰等。栽培植物主要有牡竹、棕树、核桃、凤凰木、喜树、银桦树、桉树、芒果等。

暖热性针阔混交林分布在海拔为1900～2400米之间，代表性林木有高山栎、杜鹃、扇叶槭、硬斗石栎、云南松等。

高山寒温带针叶林分布在海拔为2500～3500米之间，代表性林木有冷杉、羽叶花、木秋、灰竹等。

第二节　古茶树资源

一、古茶树资源总量

临沧市8个县（区）均有古茶树分布，是云南境内分布古茶树最多最为集中的地区之一，也是全国乃至世界罕见的分布地。其中：块状分布面积413176.58亩，在块状分布面积中：野生型335821.96亩，占块状分布面积的81.28%，栽培型77354.62亩，占块状分布面积的18.72%；单株分布的株数17049株，野生型1670株，占单株分布株数的9.80%，栽培型15379株，占单株分布株数的90.20%。临沧市各县（区）古茶树资源面积及数量见表1-1，详见附表1。

表1-1　临沧市各县（区）古茶树资源面积及数量统计表　　单位：亩、株

县（区）	块状			单株		
	计	野生型	栽培型	计	野生型	栽培型
合计	413176.58	335821.96	77354.62	17049	1670	15379
沧源县	182.09	24.96	157.13	628	78	550
凤庆县	58343.49	42429.29	15914.2	8890	1223	7667
耿马县	3828.61	0.53	3828.08	308	13	295
临翔区	15980.75	9303.03	6677.72	1143		1143
双江县	169008.88	137326.78	31682.1	437	60	377
永德县	126219.01	115092.15	11126.86	1332	83	1249

县（区）	块状			单株		
	计	野生型	栽培型	计	野生型	栽培型
云 县	34090.96	30777.28	3313.68	3579	81	3498
镇康县	5522.79	867.94	4654.85	732	132	600

二、权属状况

（一）土地所有权

在全市块状分布面积 413176.58 亩，单株分布株数 17049 株。古茶树资源中，土地所有权为国有的块状分布面积为 311194.69 亩，单株分布的株数为 149 株，分别占块状分布面积、单株分布株数的 75.32% 和 0.87%；土地所有权为集体的块状分布面积为 101981.89 亩，单株分布的株数为 16900 株，分别占块状分布面积、单株分布株数的 24.68% 和 99.13%。临沧市各县（区）古茶树资源按土地所有权统计见表 1-2，详见附表 1。

表 1-2　临沧市各县（区）古茶树资源按土地所有权统计表　　单位：亩、株

县（区）	土地所有权	块状			单株		
		计	野生型	栽培型	计	野生型	栽培型
合计	计	413176.58	335821.96	77354.62	17049	1670	15379
	国有	311194.69	310344.11	850.58	149	139	10
	集体	101981.89	25477.85	76504.04	16900	1531	15369
沧源县	小计	182.09	24.96	157.13	628	78	550
	国有	24.96	24.96		61	61	
	集体	157.13		157.13	567	17	550
凤庆县	小计	58343.49	42429.29	15914.2	8890	1223	7667
	国有	25370.33	24520.45	849.88			
	集体	32973.16	17908.84	15064.32	8890	1223	7667
耿马县	小计	3828.61	0.53	3828.08	308	13	295
	国有				2	2	
	集体	3828.61	0.53	3828.08	306	11	295
临翔区	小计	15980.75	9303.03	6677.72	1143		1143
	国有	9303.03	9303.03				
	集体	6677.72		6677.72	1143		1143
双江县	小计	169008.88	137326.78	31682.1	437	60	377
	国有	137327.48	137326.78	0.7	70	60	10
	集体	31681.4		31681.4	367		367

续表

县（区）	土地所有权	块状			单株		
		计	野生型	栽培型	计	野生型	栽培型
永德县	小计	126219.01	115092.15	11126.86	1332	83	1249
	国有	115092.15	115092.15				
	集体	11126.86		11126.86	1332	83	1249
云 县	小计	34090.96	30777.28	3313.68	3579	81	3498
	国有	23901.48	23901.48				
	集体	10189.48	6875.8	3313.68	3579	81	3498
镇康县	小计	5522.79	867.94	4654.85	732	132	600
	国有	175.26	175.26		16	16	
	集体	5347.53	692.68	4654.85	716	116	600

（二）古茶树所有权

在全市块状分布面积413176.58亩，单株分布株数17049株。古茶树资源中，古茶树所有权为国有的块状分布面积为309745.82亩，单株分布的株数为149株，分别占块状分布面积、单株分布株数的74.97%和0.87%；古茶树所有权为集体的块状分布面积为42775.49亩，单株分布的株数为630株，分别占块状分布面积、单株分布株数的10.35%和3.70%；古茶树所有权为个人的块状分布面积为60425.34亩，单株分布的株数为16268株，分别占块状分布面积、单株分布株数的14.62%和95.42%；古茶树所有权为其他的块状分布面积为229.93亩，单株分布的株数为2株，分别占块状分布面积、单株分布株数的0.06%和0.01%。临沧市各县（区）古茶树资源按古茶树所有权统计见表1-3，详见附表2。

表1-3 临沧市各县（区）古茶树资源按古茶树所有权统计表　　单位：亩、株

县（区）	古茶树所有权	块状			单株		
		计	野生型	栽培型	计	野生型	栽培型
合计	计	413176.58	335821.96	77354.62	17049	1670	15379
	国有	309745.82	309744.6	1.22	149	139	10
	集体	42775.49	10042.23	32733.26	630	126	504
	个人	60425.34	16035.13	44390.21	16268	1405	14863
	其他	229.93		229.93	2		2
沧源县	小计	182.09	24.96	157.13	628	78	550
	国有	24.96	24.96		61	61	
	集体	2.18		2.18	38	15	23
	个人	154.95		154.95	529	2	527

续表

县（区）	古茶树所有权	块状			单株		
		计	野生型	栽培型	计	野生型	栽培型
凤庆县	小计	58343.49	42429.29	15914.2	8890	1223	7667
	国有	23921.46	23920.94	0.52			
	集体	13727.12	9548.24	4178.88	87	45	42
	个人	20694.91	8960.11	11734.8	8803	1178	7625
耿马县	小计	3828.61	0.53	3828.08	308	13	295
	国有				2	2	
	集体	255.61	0.53	255.08	173	8	165
	个人	3343.07		3343.07	132	3	129
	其他	229.93		229.93	1		1
临翔区	小计	15980.75	9303.03	6677.72	1143		1143
	国有	9303.03	9303.03				
	集体	305.43		305.43	184		184
	个人	6372.29		6372.29	959		959
双江县	小计	169008.88	137326.78	31682.1	437	60	377
	国有	137327.48	137326.78	0.7	70	60	10
	集体	27958.18		27958.18	7		7
	个人	3723.22		3723.22	360		360
永德县	小计	126219.01	115092.15	11126.86	1332	83	1249
	国有	115092.15	115092.15				
	集体	33.51		33.51			
	个人	11093.35		11093.35	1332	83	1249
云县	小计	34090.96	30777.28	3313.68	3579	81	3498
	国有	23901.48	23901.48				
	集体				52	51	1
	个人	10189.48	6875.8	3313.68	3526	30	3496
	其他				1		1
镇康县	小计	5522.79	867.94	4654.85	732	132	600
	国有	175.26	175.26		16	16	
	集体	493.46	493.46		89	7	82
	个人	4854.07	199.22	4654.85	627	109	518

（三）古茶树使用权

在全市块状分布面积413176.58亩，单株分布株数17049株。古茶树资源中，古茶树使用权为国有的块状分布面积为309745.82亩，单株分布的株数为149株，分别占块状分布面积、单株分布株数的74.97%和0.87%；古茶树使用权为集体的块状分布面积为42775.49亩，单株分布的株数为212株，分别占块状分布面积、单株分布株数的10.35%和1.25%；古茶树使用权为个人的块状分布面积为60425.34亩，单株分布的株数为16686株，分别占块状分布面积、单株分布株数的14.62%和97.87%；古茶树使用权为其他的块状分布面积为229.93亩，单株分布的株数为2株，分别占块状分布面积、单株分布株数的0.06%和0.01%。临沧市各县（区）古茶树资源按古茶树使用权统计见表1-4，详见附表3。

表1-4　临沧市各县（区）古茶树资源按古茶树使用权统计表　　单位：亩、株

县（区）	古茶树使用权	块状			单株		
		计	野生型	栽培型	计	野生型	栽培型
合计	计	413176.58	335821.96	77354.62	17049	1670	15379
	国有	309745.82	309744.6	1.22	149	139	10
	集体	42775.49	10042.23	32733.26	212	125	87
	个人	60425.34	16035.13	44390.21	16686	1406	15280
	其他	229.93		229.93	2		2
沧源县	小计	182.09	24.96	157.13	628	78	550
	国有	24.96	24.96		61	61	
	集体	2.18		2.18	38	15	23
	个人	154.95		154.95	529	2	527
凤庆县	小计	58343.49	42429.29	15914.2	8890	1223	7667
	国有	23921.46	23920.94	0.52			
	集体	13727.12	9548.24	4178.88	87	45	42
	个人	20694.91	8960.11	11734.8	8803	1178	7625
耿马县	小计	3828.61	0.53	3828.08	308	13	295
	国有				2	2	
	集体	255.61	0.53	255.08	17	7	10
	个人	3343.07		3343.07	288	4	284
	其他	229.93		229.93	1		1
临翔区	小计	15980.75	9303.03	6677.72	1143		1143
	国有	9303.03	9303.03				
	集体	305.43		305.43			
	个人	6372.29		6372.29	1143		1143
双江县	小计	169008.88	137326.78	31682.1	437	60	377
	国有	137327.48	137326.78	0.7	70	60	10
	集体	27958.18		27958.18	7		7
	个人	3723.22		3723.22	360		360

续表

县（区）	古茶树使用权	块状			单株		
		计	野生型	栽培型	计	野生型	栽培型
永德县	小计	126219.01	115092.15	11126.86	1332	83	1249
	国有	115092.15	115092.15				
	集体	33.51		33.51			
	个人	11093.35		11093.35	1332	83	1249
云县	小计	34090.96	30777.28	3313.68	3579	81	3498
	国有	23901.48	23901.48				
	集体				52	51	1
	个人	10189.48	6875.8	3313.68	3526	30	3496
	其他				1		1
镇康县	小计	5522.79	867.94	4654.85	732	132	600
	国有	175.26	175.26		16	16	
	集体	493.46	493.46		11	7	4
	个人	4854.07	199.22	4654.85	705	109	596

三、地径状况

全市块状分布面积413176.58亩，其中：古茶树地径小于等于20cm的面积有317009.09亩，占块状分布面积的76.72%；地径大于20cm小于等于30cm的面积有90823.56亩，占块状分布面积的21.98%；地径大于30cm小于等于50cm的面积有5343.06亩，占块状分布面积的1.29%；地径大于50cm的面积有0.87亩，占块状分布面积的0.01%。

全市单株分布株数17049株，其中：古茶树地径小于等于20cm的株数有5155株，占单株分布株数的30.23%；地径大于20cm小于等于30cm的株数有6691株，占单株分布株数的39.25%；地径大于30cm小于等于50cm的株数有4037株，占单株分布株数的23.68%；地径大于50cm的株数有1166株，占单株分布株数的6.84%。临沧市各县（区）古茶树资源按地径统计见表1-5，详见附表5。

表1-5　临沧市各县（区）古茶树资源按地径统计表　　　　单位：亩、株

县（区）	地径级	块状			单株		
		计	野生型	栽培型	计	野生型	栽培型
合计	计	413176.58	335821.96	77354.62	17049	1670	15379
	地径≤20	317009.09	248233.47	68775.62	5155	372	4783
	20＜地径≤30	90823.56	83532.55	7291.01	6691	630	6061
	30＜地径≤50	5343.06	4055.94	1287.12	4037	464	3573

续表

县（区）	地径级	块状			单株		
		计	野生型	栽培型	计	野生型	栽培型
沧源县	地径＞50	0.87		0.87	1166	204	962
	小计	182.09	24.96	157.13	628	78	550
	地径≤20	94.57		94.57	326	13	313
	20＜地径≤30	65.54	2.98	62.56	208	27	181
	30＜地径≤50	21.98	21.98		84	33	51
	地径＞50				10	5	5
凤庆县	小计	58343.49	42429.29	15914.2	8890	1223	7667
	地径≤20	49534.38	35489.81	14044.57	2432	238	2194
	20＜地径≤30	4495.45	2905.52	1589.93	3559	524	3035
	30＜地径≤50	4313.66	4033.96	279.7	2249	320	1929
	地径＞50				650	141	509
耿马县	小计	3828.61	0.53	3828.08	308	13	295
	地径≤20	3823.62		3823.62	126	4	122
	20＜地径≤30	4.99	0.53	4.46	132	4	128
	30＜地径≤50				47	5	42
	地径＞50				3		3
临翔区	小计	15980.75	9303.03	6677.72	1143		1143
	地径≤20	11662.27	9303.03	2359.24	435		435
	20＜地径≤30	3653.61		3653.61	377		377
	30＜地径≤50	664.87		664.87	267		267
	地径＞50				64		64
双江县	小计	169008.88	137326.78	31682.1	437	60	377
	地径≤20	167625.06	137326.78	30298.28	282	42	240
	20＜地径≤30	1326.09		1326.09	133	8	125
	30＜地径≤50	57.73		57.73	20	8	12
	地径＞50				2	2	
永德县	小计	126219.01	115092.15	11126.86	1332	83	1249
	地径≤20	44780.84	34500.57	10280.27	442	4	438
	20＜地径≤30	81152.48	80591.58	560.9	518	17	501
	30＜地径≤50	284.82		284.82	279	29	250
	地径＞50	0.87		0.87	93	33	60

续表

县（区）	地径级	块状 计	野生型	栽培型	单株 计	野生型	栽培型
云县	小计	34090.96	30777.28	3313.68	3579	81	3498
	地径≤20	34090.96	30777.28	3313.68	848	52	796
	20＜地径≤30				1485	13	1472
	30＜地径≤50				935	12	923
	地径＞50				311	4	307
镇康县	小计	5522.79	867.94	4654.85	732	132	600
	地径≤20	5397.39	836	4561.39	264	19	245
	20＜地径≤30	125.4	31.94	93.46	279	37	242
	30＜地径≤50				156	57	99
	地径＞50				33	19	14

四、年龄级状况

全市古茶树总株数 10834726 株，其中：古茶树年龄小于 300 年的株数有 10546411 株，占古茶树总株数的 97.34%；古茶树年龄大于等于 300 年小于 499 年的株数有 244311 株，占古茶树总株数的 2.26%；古茶树年龄大于等于 500 年的株数有 44004 株，占古茶树总株数的 0.40%。临沧市各县（区）古茶树资源按年龄级见表 1-6，详见附表 6。

表 1-6 临沧市各县（区）古茶树资源按年龄级统计表　　　单位：株

县（区）	年龄级	计	块状 计	野生型	栽培型	单株 计	野生型	栽培型
合计	计	10834726	10817677	5982602	4835075	17049	1670	15379
	＜300	10546411	10531919	5875823	4656096	14492	1244	13248
	300～499	244311	242601	79485	163116	1710	334	1376
	≥500	44004	43157	27294	15863	847	92	755
沧源县	小计	7441	6813	149	6664	628	78	550
	＜300	7361	6774	110	6664	587	43	544
	300～499	63	39	39		24	21	3
	≥500	17				17	14	3
凤庆县	小计	1383028	1374138	332369	1041769	8890	1223	7667
	＜300	1222685	1215663	228483	987180	7022	951	6071
	300～499	127635	126457	76592	49865	1178	203	975
	≥500	32708	32018	27294	4724	690	69	621

13

续表

县（区）	年龄级	计	块状			单株		
			计	野生型	栽培型	计	野生型	栽培型
耿马县	小计	521043	520735	10	520725	308	13	295
	＜300	520419	520147	10	520137	272	11	261
	300～499	623	588		588	35	1	34
	≥500	1				1	1	
临翔区	小计	446533	445390	232577	212813	1143		1143
	＜300	360831	359831	232577	127254	1000		1000
	300～499	84262	84151		84151	111		111
	≥500	1440	1408		1408	32		32
双江县	小计	5405559	5405122	4394168	1010954	437	60	377
	＜300	5403948	5403579	4392643	1010936	369		369
	300～499	1611	1543	1525	18	68	60	8
永德县	小计	1509725	1508393	694224	814169	1332	83	1249
	＜300	1476853	1475594	694224	781370	1259	52	1207
	300～499	23129	23068		23068	61	24	37
	≥500	9743	9731		9731	12	7	5
云 县	小计	540716	537137	269875	267262	3579	81	3498
	＜300	534161	530890	268560	262330	3271	74	3197
	300～499	6460	6247	1315	4932	213	6	207
	≥500	95				95	1	94
镇康县	小计	1020681	1019949	59230	960719	732	132	600
	＜300	1020153	1019441	59216	960225	712	113	599
	300～499	528	508	14	494	20	19	1

五、地类分布状况

全市块状分布面积 413176.58 亩，其中：分布地类为耕地的面积 3428.55 亩，占总面积的 0.83%；分布地类为园地的面积 203525.01 亩，占总面积的 49.26%；分布地类为林地的面积 199618.69 亩，占总面积的 48.31%；分布地类为草地的面积 888.18 亩，占总面积的 0.22%；分布地类为其他用地的面积 5716.15 亩，占总面积的 1.38%。全市单株分布株数 17049 株，其中：分布地类为耕地的株数 6602 株，占总株数的 38.73%；分布地类为园地的株数 7033 株，占总株数的 41.25%；分布地类为林地的株数 2021 株，占总株数的 11.85%；分布地类为草地的株数 66 株，占总株数的 0.39%；分布地类为其他用地的株数 1327 株，占总株数的 7.78%。临沧市各县（区）古茶树资源不同分布地类统计见表 1-7，详见附表 7。

表1-7 临沧市各县（区）古茶树资源不同分布地类统计表 统计单位：亩、株

县（区）	分布地类	块状			单株		
		计	野生型	栽培型	计	野生型	栽培型
合计	计	413176.58	335821.96	77354.62	17049	1670	15379
	耕地	3428.55	297.17	3131.38	6602	334	6268
	园地	203525.01	139598.5	63926.51	7033	658	6375
	林地	199618.69	194261.18	5357.51	2021	447	1574
	草地	888.18	657.53	230.65	66	3	63
	其他用地	5716.15	1007.58	4708.57	1327	228	1099
沧源县	小计	182.09	24.96	157.13	628	78	550
	耕地				282	2	280
	林地	179.05	24.96	154.09	170	76	94
	其他用地	3.04		3.04	176		176
凤庆县	小计	58343.49	42429.29	15914.2	8890	1223	7667
	耕地	1566.38	281.34	1285.04	2506	265	2241
	园地	13520.01	2313.08	11206.93	4292	564	3728
	林地	42327.04	39006.55	3320.49	1221	236	985
	草地	7.04		7.04	13	2	11
	其他用地	923.02	828.32	94.7	858	156	702
耿马县	小计	3828.61	0.53	3828.08	308	13	295
	耕地	82.12		82.12	191		191
	园地	2015.48		2015.48	38		38
	林地	2.2	0.53	1.67	73	13	60
	其他用地	1728.81		1728.81	6		6
临翔区	小计	15980.75	9303.03	6677.72	1143		1143
	耕地				334		334
	园地	4271.06		4271.06	368		368
	林地	9337.73	9303.03	34.7	369		369
	草地				17		17
	其他用地	2371.96		2371.96	55		55
双江县	小计	169008.88	137326.78	31682.1	437	60	377
	耕地				26		26
	园地	168935.91	137270.1	31665.81	325	3	322
	林地	72.97	56.68	16.29	58	57	1
	草地				1		1
	其他用地				27		27

续表

县（区）	分布地类	块状			单株		
		计	野生型	栽培型	计	野生型	栽培型
永德县	小计	126219.01	115092.15	11126.86	1332	83	1249
	耕地	401.96		401.96	467	56	411
	园地	9021.87		9021.87	690	6	684
	林地	116788.15	115092.15	1696	56	3	53
	其他用地	7.03		7.03	119	18	101
云 县	小计	34090.96	30777.28	3313.68	3579	81	3498
	耕地				2545		2545
	园地	3180.49		3180.49	900		900
	林地	30910.47	30777.28	133.19	31	30	1
	草地				32		32
	其他用地				71	51	20
镇康县	小计	5522.79	867.94	4654.85	732	132	600
	耕地	1378.09	15.83	1362.26	251	11	240
	园地	2580.19	15.32	2564.87	420	85	335
	林地	1.08		1.08	43	32	11
	草地	881.14	657.53	223.61	3	1	2
	其他用地	682.29	179.26	503.03	15	3	12

六、群落结构与植被类型

临沧市古茶树群落面积共413176.58亩，10817677株。按群落结构分：单层林面积78496.86亩，3808757株，分别占古茶树群落面积、株数的19.00%和35.21%；复层林面积334679.72亩，7008920株，分别占古茶树群落面积、株数的81.00%和64.79%。

按植被类型分：自然植被型面积375635.10亩，8888485株，分别占古茶树群落面积、株数的90.91%和82.17%；人工植被面积37541.48亩，1929192株，分别占古茶树群落面积、株数的9.09%和17.83%。自然植被中共涉及7个植被型，分别为常绿阔叶林、硬叶常绿阔叶林、落叶阔叶林、暖性针叶林、灌丛、竹林和稀树灌木草丛。其中常绿阔叶林面积346336.23亩，7814408株，分别占自然植被面积、株数的92.20%和87.91%；硬叶常绿阔叶林面积4039.81亩，20200株，分别占自然植被面积、株数的1.08%和0.23%；落叶阔叶林面积5384.09亩，65445株，分别占自然植被面积、株数的1.43%和0.74%；暖性针叶林面积21.87亩，479株，分别占自然植被面积、株数的0.01%和0.01%；灌丛面积16540.16亩，921993株，分别占自然植被面积、株数的4.40%和10.37%；竹林面积13.82亩，430株；稀树灌木草丛面积3299.12亩，65530株，分别占自然植被面积、株数的0.88%和0.74%。临沧市古茶树资源群落结构与植被类型按面积株数统计情况见表1-8。

表1-8　临沧市古茶树资源群落结构与植被类型按面积株数统计表统计　单位：亩、株

属性	植被类型	合计		单层林		复层林	
		面积	株树	面积	株树	面积	株树
	合计	413176.58	10817677	78496.86	3808757	334679.72	7008920
自然植被	小计	375635.10	8888485	73701.91	3221976	301933.19	5666509
	常绿阔叶林	346336.23	7814408	54306.10	2265878	292030.13	5548530
	硬叶常绿阔叶林	4039.81	20200			4039.81	20200
	落叶阔叶林	5384.09	65445	3005.24	34833	2378.85	30612
	暖性针叶林	21.87	479	10.44	239	11.43	240
	灌丛	16540.16	921993	16366.31	920596	173.85	1397
	竹林	13.82	430	13.82	430		
	稀树灌木草丛	3299.12	65530			3299.12	65530
人工植被	小计	37541.48	1929192	4794.95	586781	32746.53	1342411

第三节　古茶树种质资源

一、野生型古茶树种质资源

临沧野生型古茶树群落面积335821.96亩，茶种为大理茶（C.taliensis）。按野生茶树生长的生境（地类）分：生长于有林地的野生茶（野生有林）面积331856.64亩，占98.82%；生长于灌木林地的野生茶（野生灌木）面积173.85亩，占0.05%；生长于园地的野生茶（野生园地）面积2344.23亩，占的0.70%；生长于疏林地的野生茶树（野生疏林）面积159.14亩，占0.05%；生长于其他地类的野生茶树（野生其他）面积1288.10亩，占0.38%。

临沧南起沧源县单甲乡，北至凤庆县诗礼乡，绵延200公里，在海拔1050～2750米范围内9000多平方公里的原始森林和次生林中，均有野生古茶树群落分布。主要集中在双江县勐库镇五家村邦骂大雪山、临翔区南美，沧源县糯良大黑山，云县幸福镇大宗山、茶房乡马街村、大朝山西镇、幸福镇灰容村、涌宝木瓜河黄家坡，永德县大雪山国家级自然保护区等。最具有代表性的是勐库野生古茶树群落和永德大雪山野生古茶树群落。其中，勐库野生古茶树群落分布海拔高度2200～2750米。勐库野生古茶树群落

有五个显著特点：一是分布海拔高。1号古茶树生长在海拔2750米处，树高15.0米，树幅13.7×10.6米，基干径1.035米，树姿开张，成为现今已发现的茶树生长的最高海拔。二是群落分布面积大，是已发现的面积最大的野生茶树群落。三是茶树种群数量大、密度高，为群落中的优势种群。四是该茶树群落中的野生茶树为可以饮用的大理茶。

二、栽培型古茶树种质资源

临沧栽培型古茶树面积77354.62亩，主要栽培种为普洱茶（C.sinensis ar assamica），其次是大理茶（C.taliensis）。按生长的生境（地类）分：生长于有林地的栽培茶（栽培有林）面积6426.44亩，占8.31%；生长于灌木林地的栽培茶（栽培灌木）面积317.3亩，占0.41%；生长于园地的栽培茶（栽培园地）面积66032.96亩，占85.36%；生长于疏林地的栽培茶树（栽培疏林）面积249.27亩，占0.32%；生长于草地的栽培茶树（栽培草地）面积8.12亩，占0.02%；生长于其他地类的栽培茶树（栽培其他）面积4320.53亩，占5.58%。

临沧明清以来栽培的群体种茶园种植的品种多为勐库大叶茶、凤庆长叶茶、班东黑大叶茶和勐裤大叶茶等优良品种。1984年，勐库大叶茶、凤庆长叶茶、勐海大叶茶等3个云南省的茶树品种，被全国茶树良种审定委员会认定为第一批国家级茶树良种。1987年，班东黑大叶茶和勐裤大叶茶被认定为云南省茶树良种。从现存栽培古茶树时空分布状况来看，临沧古代先民最初引种驯化栽培的主要茶种为大理茶，当地原驻民称为本山茶，意为自家后山上的茶，普洱茶和茶后来逐步发展成为主要栽培物种。对茶树栽培驯化历史有重大影响的应首推是云县白莺山古茶园、凤庆香竹箐大茶树和双江冰岛古茶园。

这些丰富的古茶树种质资源是世界上其他任何产茶国家和地区都没有的，是云南古茶树种质资源系全、种多的有力见证。它对进一步确立茶树原产于我国以及研究茶树的起源、演变、分类和种质创新都具有重要的价值，坚实地铸就了世界茶树起源中心的地位，可以说云南西南部的临沧是世界茶树起源的核心地带之一。

第四节　古茶名山状况

临沧得天独厚的气候资源环境丰富了各山头古树茶的资源品质，形成性状稳定但各具特色的山头名茶，其中"冰岛""昔归"等作为古树茶的典型代表，在省内外均享有较高的知名度。怒山进入临沧境内以后，在怒江支流湾甸河—勐波罗河一线以东地区，形成两条西北—东南走向的山脉，一条叫老别山，一条叫邦马山。两条山脉大体上以南定河及其上游南汀河为界，北部和西北部的南汀河以东属老别山系，包括临沧大雪山及凤庆—永德—镇康一带，以及云县；东南和南部属邦马山系，包括双江—耿马—沧源的澜沧江西岸地区。中部的南定河（其上游为南汀河），成了老别山、邦马山的界河。

一、邦马山系古茶园

邦马山在南定河以南，大体上形成两条高大的山岭，往西南、南部和东南方向延伸。主脉大体上往西南经邦马山东坡的勐库西半山—沙河乡及西坡的耿马县大兴—芒洪—四排山一带，延伸到沧源县境内。东脉大体上从勐库东半山一线，延至双江的忙糯—大文—邦丙一线。形成东西两条十分壮观的古茶园分布带。

邦马山系古茶园主要分布在南定河以南、澜沧江以西的崇山峻岭中，形成明显的"两岭"的分布规律。具体分为"西岭"和"东岭"。"西岭"范围包括：邦马山主脉的勐库西半山、双江四排山（沙河乡）及主脉西坡耿马勐撒镇、芒洪乡一线→往西南延伸到沧源糯良、单甲两乡。"东岭"范围包括：勐库东半山、马鞍山。属于"西岭"的著名古茶园有：勐库西半山、双江四排山（沙河乡）、沧源帕帕等；属于"东岭"的著名古茶园有：勐库东半山、双江县马鞍山等。

整个邦马山系的茶总体特征是：茶气霸，苦涩显。但在不同的"山头"，呈现出不同的特色，主要表现在香气类型和入口"化"的程度不同。如景迈茶呈外扬型兰香，老班章、昔归茶呈收敛厚重型糖香，老班章、冰岛茶入口"化"的速度很快，等等。

二、老别山系古茶园

老别山系山头茶由南到北分布着古茶园的县（区）是：镇康、永德、云县、临翔（区）、凤庆。这一地带被镇康河和右甸河这两条近南北走向的河流分成三个片区：第一个是右甸河两岸的云县、凤庆的"北部片区"，这一片区是老别山北端往北延伸形成的片区，有312省道斜贯其间。古茶园主要分布在右甸河两岸。第二个是镇康河东部、南定河中上游（东岸和北岸）的永德大雪山片区（包括云县幸福镇所在的老别山东支），还有处于南汀河东部的临沧大雪山茶区，这里是"中部片区"。古茶园主要分布在云县幸福镇和临沧大雪山。第三个是镇康河以西及西南的"南部片区"，这一片区古茶园主要分布在南捧河（属南定河支流）支流米赛河两岸，永德县部分地区和镇康县。

老别山"南部片区"古茶园主要包括镇康县忙丙乡古茶园和永德县勐板乡古茶园。这一片区最高峰为雪竹林大山，海拔2978米。进入这一片区的公路有两条：一条是从东边云县进入的313省道，这条省道抵达永德县乌木龙、亚练乡后，从西北往东南从老别山西部斜贯而入；另一条是从西边怒江西岸的龙陵插入的231省道，由北往南纵贯永德、镇康两县西部。两条省道在镇康县勐堆乡交汇。

老别山"中部片区"古茶园，主要集中在老别山东支的云县幸福镇和临沧大雪山古茶园（最有名的是邦东茶和昔归茶）。"中部片区"的最高峰是永德大雪山，海拔3429米。通过这一片区的公路有214国道和313省道。

老别山"北部片区"古茶园，主要分布在老别山北端往北延伸的山脉上。或者反过来说，是北部怒山体系的碧罗雪山往南延伸，形成了老别山。处于碧罗雪山南端、老别山北端的"北部片区"，山脉、河流整体呈西北—东南走向。云县、凤庆、昌宁3县的古茶园，就顺势分布在这一狭长山地一带，312省道也顺着凤庆河谷和右甸河谷，沿3县从东南往西北方向延伸。这一片区古茶园的知名度，相对比老别山中部和南部古茶园高一些，如云县漫湾的白莺山古茶园，还有凤庆香竹箐那棵树龄3200年的古茶树，都很有名气。

第五节　特点与评价

一、古茶树资源丰富、分布广

优越的自然环境，使临沧成为在全省乃至全国，甚至全世界范围内，古茶树资源最为丰富，茶树种类最多，栽培茶品种类型多样，古茶园面积最大，古茶树保存最多，野生古茶群落分布面积最大的地区。临沧市8个县（区）均有古茶树分布，南起沧源县单甲乡，北至凤庆县诗礼乡，绵延200公里，在海拔1050～2750米范围内9000多平方公里的原始森林和次生林中，均有野生古茶树群落分布。全市古茶树群落面积达413176.58亩，占全省古茶树群落面积676611.99亩的61.07%。其中：野生型古茶树群落面积335821.96亩，占全市古茶树群落面积的81.28%；栽培型古茶树群落面积77354.62亩，占全市古茶树群落面积的18.72%。是云南省古茶群落（树）分布比较集中，连片面积较大的重点分布地区，拥有我国和世界上罕见的古茶群落（树）资源，资源不仅丰富，而且分布范围广，差异性大。

二、林茶共生生态系统独具特色

临沧野生古茶树群落和人工的古茶树群落现存面积达413176.58亩，以天然林＋茶树群落、茶树天然林群落、茶树混农林类型已形成了我省特有的林茶共生生态系统，群落结构以复层为主，占古茶树群落总面积的81.00%。临沧古茶树群落主要分布在自然植被中，分布面积占总面积的90.91%，包括常绿阔叶林、硬叶常绿阔叶林、落叶阔叶林、暖性针叶林、灌丛、竹林和稀树灌木草丛，人工植被仅占总面积的9.09%。临沧古茶树群落不仅物种丰富、群落结构稳定、生态功能好，而且还发挥着良好的生态、社会、经济效益和国土安全屏障作用，是一种历史和祖先遗留下来的发挥着多种功能和效益的生态屏障性资源，在我国、我省乃至世界都是极为珍贵的种质资源、植物群落资源和植物活化石资源。

三、是举世公认的生态有机茶叶珍稀资源

临沧古茶树群落（树）的生境史在一方面就反映出中国历代和民众对茶树保护、利用和发展历史。临沧古茶树群落面积 413176.58 亩，其中野生型 335821.96 亩，占 81.28%。在过去百年，中国历史发生了很多变革和动荡，经济落后，经营粗放，绝大多数茶树处于自生自长，人为干预少，经营管理措施弱，加之大量采茶叶影响茶树正常生长，致使古茶树形成了一种特有的自然态野生茶树群落。正是由于未施用化肥、农药等抚育经营措施，使这些古茶树群落（树）的茶叶成了云南、全国乃至世界闻名的生态有机茶珍稀资源主产地。

四、具有悠久历史

临沧种茶制茶历史悠久，源远流长。据史书记载，3000 多年前的临沧古代濮人（今布朗族、拉祜族、德昂族、佤族的祖先）就懂得种茶、制茶和用茶，为茶的发现和利用作出了重大贡献。据考证，商周时西南夷中的濮人已经种茶，东晋常璩所著《华阳国志·巴志》记载："周武王伐纣，实得巴蜀之师……鱼盐铜铁、丹漆茶蜜……皆纳贡之"。说的是就周武王在公元前 1066 年联合当时四川、云南部落共同讨伐纣之后，将巴蜀及西南夷所产的茶列为贡品。甲骨文"濮"字：是一个身披树叶，头带鲜花的人，右手作出邀请手势，左手奉上一杯热气腾腾的香茶。距今 3000 多年的沧源崖画，有着采茶的画面。唐代樊绰《蛮书》中说："茶出银生城界诸山，散收，无采造法，蒙舍蛮以椒、姜、桂、和烹饮之。"银生城界诸山，为澜沧江中游两岸区域，其中含临沧市所辖各县。《顺宁杂著》记载"楚僧洪鉴名王缙和尚，来此……建立禅院，名曰：'太华寺'。太华寺为顺宁禅林第一寺，其谷间多有茶，味淡而微香，较普洱茶细，邻郡多购，觅者，不可多得"。 明成化二十一年（1485 年），双江勐勐土司派人选种 200 余粒，在冰岛种植成活 150 余株。1980 年查证，尚在第一代茶树 30 余株。1639 年，我国著名大旅行家徐霞客在游记中有"……宿于高简槽。店主老人梅姓，颇能慰客，特煎太华茶……饮予。"的记载，说明这一时期，临沧地区的制茶能力与水平已发展到较高的层次，临沧已经能够制出名茶"太华茶"。

五、助推茶农脱贫致富、巩固脱贫成果

茶叶是临沧最古老的产业，也是临沧最翻山越岭，漂洋过海，走向世界的产业，更是助推茶农脱贫致富、巩固脱贫成果，有利于乡村振兴，加快区域经济发展，传播中华文化，推进社会主义文化强国建设的朝阳产业。经过长期持续不懈发展，临沧已成为全国茶叶产量最大的地级市，云南省最大的茶叶生产基地，中国最大的红茶生产基地和普洱茶原料基地。云南滇红集团股份有限公司继续保持中国红茶第一生产企业地位，双江勐库茶叶有限责任公司、云县澜沧江茶业有限公司分别在普洱茶生茶、原味液体茶饮料领域取得全国领先地位。

第二章

沧源篇

第一节 沧源概况

一、地理位置与行政区划

沧源县是全国仅有的两个佤族自治县之一。沧源县地处云南省西南边陲，临沧市西南部，中缅边界中段，地理坐标东经 98°52′19″～99°43′05″和北纬 23°04′51″～23°30′06″。北连耿马县，东与双江县隔江相望，东南与普洱市澜沧县毗邻，南面和西面与缅甸掸邦第二特区勐冒县和南邓特区接壤。南北宽 47 千米，东西长 86 千米，国境线长 147.083 千米，国土总面积 2446.43 平方公里。沧源永和口岸属国家二类开放口岸。

沧源县行政隶属临沧市，辖勐董镇、芒卡镇、勐省镇、岩帅镇等 4 个镇和班洪乡、班老乡、勐来乡、勐角傣族彝族拉祜族乡（以下简称"勐角乡"）、糯良乡、单甲乡等 6 个乡，共有 93 个村（社区）委员会，841 个村民小组，614 个自然村。

二、地貌

沧源县地质比较复杂，岩石种类较多，奥陶系、志留系、石炭系、侏罗系等地质均有分布。主体基岩有石灰岩、千枚岩、夹片岩、花岗岩、紫色砂岩、砂岩等。成土母质主要有河流冲积、洪积、坡积、残积母质等几个类型。由于地壳的多次运动，造成了原来地质的变形，形成强烈的中山切割，蕴藏了一定数量的煤和其他矿产资源。

沧源县属横断山脉南部帚形扩大部位，地形复杂。地势中、北部高，东、西、南三面低，海拔一般 800～2000 米。由于陆地抬升运动，流水侵蚀和河流切割作用，形成了地面破碎、山峦起伏的典型谷地相间中山河谷地貌。主要地貌类型有：深切中山河谷，主要分布在芒卡、班老、班洪和勐来等乡（镇），河谷幽深，山川紧逼，成"V"形峡谷特征；中切中山宽谷盆地，主要分布勐董、勐角、勐省等乡（镇），山势较缓、谷地较宽、较平，宽谷和盆地呈"U"型形状，水利条件较好，是主要的农业区；岩溶山地，主要分布在糯良、单甲、岩帅等乡（镇）及勐省镇的部分地区，多石灰岩峰丛、峰林、溶斗、山洞小河、箐沟密布，山高水深，凹地和河边、箐边分布着大量农田，山脉主要有窝坎大山、芒告大山、大黑山、帮盆山、安墩山等，大多呈南北或偏南北走向。境内最高点窝坎大山主峰海拔 2605 米，最低点南汀河出境处海拔 460 米，相对高差 2145 米。

三、气候

沧源县地处低纬地区，北回归线从北部穿过，太阳辐射高度角较大，加之受西伯利亚干冷气流、印度洋暖湿气流及复杂地形的影响，形成了热带、亚热带气候，立体气候明显，全境气候温暖，干湿两季分明，雨量充沛，日照充足。县政府驻地（勐董镇）的各气象要素：极端最低气温 1.3℃，极端最高气温 33.8℃。多年平均气温 18.5℃，年均降雨量 1337 毫米，年降水日数 160 日，日照时数 2110.7 小时。本县主要灾害性天气有：干旱、洪涝、霜冻、寒害、冰雹、阴雨低温等。

四、土壤

由于沧源县境内地貌类型众多，山地相对高差大，生物气候复杂，成土母质多样，为各类土壤的形成创造了条件。主要森林土壤有黄棕壤、黄壤、红壤、赤红壤、砖红壤等 5 个土类。

五、水文

沧源县境内水系分属澜沧江水系和怒江水系。以窝坎大山延伸到格拉格笼山为分水岭，分水岭东南向为澜沧江水系，西北向为怒江水系。

澜沧江水系的主要河流有勐董河及支流糯掌河、控角河、民良河、挡坝河、南碧河、拉勐河、贺派河及小黑江等；怒江水系主要河流有南滚河及支流新牙河、南板河、小黑河、南汀河等。

六、森林植被

在云南植被区划上，沧源县东部属高原亚热带南部季风常绿阔叶林带，滇西南中山山原河谷季风常绿阔叶林区，临沧山原刺栲、印栲林、刺斗石栎林亚区；西部属季风热带北缘季节雨林、半常绿季雨林地带，滇南、滇西南间山盆地季节雨林、半常绿季雨林区，滇西南中山宽谷高山榕、麻栎林亚区。由于复杂的地形地势和多样的气候条件，形成了植物种类繁多，植被类型多样的特点。主要植被类型有季雨林、常绿阔叶林、落叶阔叶林、暖性针叶林、竹林、灌丛等。

第二节 古茶树资源

一、古茶树资源总量

沧源县 10 个乡（镇）均有古茶树分布。其中：块状分布面积 182.09 亩，在块状分布面积中：野生型 24.96 亩，占块状分布面积的 13.71%，栽培型 157.13 亩，占块状分布面积的 86.29%；单株分布的株数 628 株，野生型 78 株，占单株分布株数的 12.42%，栽培型 550 株，占单株分布株数的 87.58%。沧源县各乡（镇）古茶树资源面积及数量见表 2-1，详见附表 1。

表 2-1 沧源县各乡（镇）古茶树资源面积及数量统计表　　单位：亩、株

乡（镇）	块状			单株		
	计	野生型	栽培型	计	野生型	栽培型
合计	182.09	24.96	157.13	628	78	550
班洪乡				60	19	41
单甲乡	2.98	2.98		70	12	58
勐角乡	30.36	21.98	8.38	68	13	55
芒卡镇				9	9	
勐董镇				37	9	28
班老乡	5.22		5.22	121		121
勐来乡				82		82
勐省镇	68.33		68.33	11		11
岩帅镇				25		25
糯良乡	75.2		75.2	145	16	129

二、权属状况

（一）土地所有权

在全县块状分布面积 182.09 亩，单株分布株数 628 株。古茶树资源中，土地所有权为国有的块状分布面积为 24.96 亩，单株分布的株数为 61 株，分别占块状分布面积、单株分布株数的 13.71% 和 9.71%；土地所有权为集体的块状分布面积为 157.13 亩，单株分布的株数为 567 株，分别占块状分布面积、单株分布株数的 86.29% 和 90.29%。沧源

县各乡（镇）古茶树资源按土地所有权统计见表2-2，详见附表1。

表2-2　沧源县各乡（镇）古茶树资源按土地所有权统计表　　单位：亩、株

乡（镇）	土地所有权	块状			单株		
		计	野生型	栽培型	计	野生型	栽培型
合计	计	182.09	24.96	157.13	628	78	550
	国有	24.96	24.96		61	61	
	集体	157.13		157.13	567	17	550
班洪乡	国有				19	19	
	集体				41		41
单甲乡	国有	2.98	2.98		6	6	
	集体				64	6	58
勐角乡	国有	21.98	21.98		13	13	
	集体	8.38		8.38	55		55
芒卡镇	集体				9	9	
勐董镇	国有				9	9	
	集体				28		28
班老乡	集体	5.22		5.22	121		121
勐来乡	集体				82		82
勐省镇	集体	68.33		68.33	11		11
岩帅镇	集体				25		25
糯良乡	国有				14	14	
	集体	75.2		75.2	131	2	129

（二）古茶树所有权

在全县块状分布面积182.09亩，单株分布株数628株。古茶树资源中，古茶树所有权为国有的块状分布面积为24.96亩，单株分布的株数为61株，分别占块状分布面积、单株分布株数的13.71%和9.71%；古茶树所有权为集体的块状分布面积为2.18亩，单株分布的株数为38株，分别占块状分布面积、单株分布株数的1.20%和6.05%；古茶树所有权为个人的块状分布面积为154.95亩，单株分布的株数为529株，分别占块状分布面积、单株分布株数的85.09%和84.24%。沧源县各乡（镇）古茶树资源按古茶树所有权统计见表2-3，详见附表2。

表2-3　沧源县各乡（镇）古茶树资源按古茶树所有权统计表　　单位：亩、株

乡（镇）	古茶树所有权	块状			单株		
		计	野生型	栽培型	计	野生型	栽培型
合计	小计	182.09	24.96	157.13	628	78	550
	国有	24.96	24.96		61	61	

续表

乡（镇）	古茶树所有权	块状			单株		
		计	野生型	栽培型	计	野生型	栽培型
	集体	2.18		2.18	38	15	23
	个人	154.95		154.95	529	2	527
班洪乡	国有				19	19	
	集体				3		3
	个人				38		38
班老乡	集体	2.18		2.18	12		12
	个人	3.04		3.04	109		109
单甲乡	国有	2.98	2.98		6	6	
	集体				6	6	
	个人				58		58
勐角乡	国有	21.98	21.98		13	13	
	集体				5		5
	个人	8.38		8.38	50		50
勐省镇	个人	68.33		68.33	11		11
糯良乡	国有				14	14	
	集体				3		3
	个人	75.2		75.2	128	2	126
芒卡镇	集体				9	9	
勐董镇	国有				9	9	
	个人				28		28
勐来乡	个人				82		82
岩帅镇	个人				25		25

（三）古茶树使用权

在全县块状分布面积 182.09 亩，单株分布株数 628 株。古茶树资源中，古茶树使用权为国有的块状分布面积为 24.96 亩，单株分布的株数为 61 株，分别占块状分布面积、单株分布株数的 13.71% 和 9.71%；古茶树使用权为集体的块状分布面积为 2.18 亩，单株分布的株数为 38 株，分别占块状分布面积、单株分布株数的 1.20% 和 6.05%；古茶树使用权为个人的块状分布面积为 154.95 亩，单株分布的株数为 529 株，分别占块状分布面积、单株分布株数的 85.10% 和 84.24%。

沧源县各乡（镇）古茶树资源按古茶树使用权统计见表 2-4，详见附表 3。

表2-4 沧源县各乡（镇）古茶树资源按古茶树使用权统计表　　单位：亩、株

乡（镇）	古茶树使用权	块状			单株		
		计	野生型	栽培型	计	野生型	栽培型
合计	小计	182.09	24.96	157.13	628	78	550
	国有	24.96	24.96		61	61	
	集体	2.18		2.18	38	15	23
	个人	154.95		154.95	529	2	527
班洪乡	国有				19	19	
	集体				3		3
	个人				38		38
班老乡	集体	2.18		2.18	12		12
	个人	3.04		3.04	109		109
单甲乡	国有	2.98	2.98		6	6	
	集体				6	6	
	个人				58		58
勐角乡	国有	21.98	21.98		13	13	
	集体				5		5
	个人	8.38		8.38	50		50
勐省镇	个人	68.33		68.33	11		11
糯良乡	国有				14	14	
	集体				3		3
	个人	75.2		75.2	128	2	126
芒卡镇	集体				9	9	
勐董镇	国有				9	9	
	个人				28		28
勐来乡	个人				82		82
岩帅镇	个人				25		25

三、地径状况

全县块状分布面积182.09亩，其中：古茶树地径小于等于20cm的面积有94.57亩，占块状分布面积的51.94%；地径大于20cm小于等于30cm的面积有65.54亩，占块状分布面积的35.99%；地径大于30cm小于等于50cm的面积有21.98亩，占块状分布面积的12.07%。全县单株分布株数628株，其中：古茶树地径小于等于20cm的株数有326株，占单株分布株数的51.91%；地径大于20cm小于等于30cm的株数有208株，占单株分布株数的33.12%；地径大于30cm小于等于50cm的株数有84株，占单株分布

株数的 13.38%；地径大于 50cm 的株数有 10 株，占单株分布株数的 1.59%。沧源县各乡（镇）古茶树资源按地径统计见表 2-5，详见附表 5。

表 2-5 沧源县各乡（镇）古茶树资源按地径统计表　　　　单位：亩、株

乡（镇）	地径级	块状			单株		
		计	野生型	栽培型	计	野生型	栽培型
合计	计	182.09	24.96	157.13	628	78	550
	地径≤20	94.57		94.57	326	13	313
	20＜地径≤30	65.54	2.98	62.56	208	27	181
	30＜地径≤50	21.98	21.98		84	33	51
	地径＞50				10	5	5
班老乡	地径≤20	5.22		5.22	95		95
	20＜地径≤30				23		23
	30＜地径≤50				3		3
单甲乡	地径≤20				27	1	26
	20＜地径≤30	2.98	2.98		30	5	25
	30＜地径≤50				12	5	7
	地径＞50				1	1	
勐角乡	地径≤20	4.29		4.29	28	3	25
	20＜地径≤30	4.09		4.09	32	6	26
	30＜地径≤50	21.98	21.98		6	3	3
	地径＞50				2	1	1
勐省镇	地径≤20	68.33		68.33	4		4
	20＜地径≤30				5		5
	30＜地径≤50				2		2
糯良乡	地径≤20	16.73		16.73	70	4	66
	20＜地径≤30	58.47		58.47	60	9	51
	30＜地径≤50				14	3	11
	地径＞50				1		1
班洪乡	地径≤20				38	1	37
	20＜地径≤30				5	1	4
	30＜地径≤50				15	15	
	地径＞50				2	2	
芒卡镇	地径≤20				4	4	
	20＜地径≤30				1	1	
	30＜地径≤50				4	4	

续表

乡（镇）	地径级	块状			单株		
		计	野生型	栽培型	计	野生型	栽培型
勐董镇	地径≤20				14		14
	20＜地径≤30				14	5	9
	30＜地径≤50				7	3	4
	地径＞50				2	1	1
勐来乡	地径≤20				43		43
	20＜地径≤30				24		24
	30＜地径≤50				13		13
	地径＞50				2		2
岩帅镇	地径≤20				3		3
	20＜地径≤30				14		14
	30＜地径≤50				8		8

四、年龄级状况

全县古茶树总株数 7441 株，其中：古茶树年龄小于 300 年的株数有 7361 株，占古茶树总株数的 98.92%；古茶树年龄大于等于 300 年小于 499 年的株数有 63 株，占古茶树总株数的 0.85%；古茶树年龄大于等于 500 年的株数有 17 株，占古茶树总株数的 0.23%。沧源县各乡（镇）古茶树资源按年龄级见表 2-6，详见附表 6。

表 2-6　沧源县各乡（镇）古茶树资源按年龄级统计表　　　　　　单位：株

乡（镇）	年龄级	计	块状			单株		
			计	野生型	栽培型	计	野生型	栽培型
合计	计	7441	6813	149	6664	628	78	550
	＜300	7361	6774	110	6664	587	43	544
	300～499	63	39	39		24	21	3
	≥500	17				17	14	3
班老乡	＜300	461	340		340	121		121
单甲乡	＜300	61				61	3	58
	300～499	44	39	39		5	5	
	≥500	4				4	4	
勐角乡	＜300	431	363	110	253	68	13	55
勐省镇	＜300	2196	2187		2187	9		9
	≥500	2				2		2

续表

乡（镇）	年龄级	计	块状			单株		
			计	野生型	栽培型	计	野生型	栽培型
糯良乡	＜300	4017	3884		3884	133	7	126
	300～499	9				9	7	2
	≥500	3				3	2	1
班洪乡	＜300	55				55	14	41
	300～499	3				3	3	
	≥500	2				2	2	
勐来乡	＜300	82				82		82
芒卡镇	＜300	4				4	4	
	300～499	2				2	2	
	≥500	3				3	3	
勐董镇	＜300	29				29	2	27
	300～499	5				5	4	1
	≥500	3				3	3	
岩帅镇	＜300	25				25		25

五、地类分布状况

全县块状分布面积182.09亩。其中：分布地类为林地的面积179.05亩，占总面积的98.33%；分布地类为其他用地的面积3.04亩，占总面积的1.67%。全县单株分布株数628株，其中：分布地类为耕地的株数282株，占总株数的44.90%；分布地类为林地的株数170株，占总株数的27.07%；分布地类为其他用地的株数176株，占总株数的28.03%。沧源县各乡（镇）古茶树资源不同分布地类统计见表2-7，详见附表7。

表2-7 沧源县各乡（镇）古茶树资源不同分布地类统计表统计 单位：亩、株

乡（镇）	分布地类	块状			单株		
		计	野生型	栽培型	计	野生型	栽培型
合计	计	182.09	24.96	157.13	628	78	550
	耕地				282	2	280
	园地						
	林地	179.05	24.96	154.09	170	76	94
	草地						
	其他用地	3.04		3.04	176		176
班老乡	耕地				62		62
	林地	2.18		2.18	12		12
	其他用地	3.04		3.04	47		47

续表

乡（镇）	分布地类	块状			单株		
		计	野生型	栽培型	计	野生型	栽培型
单甲乡	耕地				1		1
	林地	2.98	2.98		12	12	
	其他用地				57		57
勐角乡	耕地				13		13
	林地	30.36	21.98	8.38	55	13	42
勐省镇	耕地				7		7
	林地	68.33		68.33			
	其他用地				4		4
糯良乡	耕地				72	2	70
	林地	75.2		75.2	52	14	38
	其他用地				21		21
班洪乡	耕地				1		1
	林地				19	19	
	其他用地				40		40
芒卡镇	林地				9	9	
勐董镇	耕地				24		24
	林地				10	9	1
	其他用地				3		3
勐来乡	耕地				82		82
岩帅镇	耕地				20		20
	林地				1		1
	其他用地				4		4

六、群落结构与植被类型

沧源县古茶树群落面积共 182.09 亩，6813 株。按群落结构分，均为复层林。

按植被类型分：自然植被型面积 24.96 亩，149 株，分别占古茶群落面积、株数的 13.71% 和 2.19%；人工植被面积 157.13 亩，6664 株，分别占古茶群落面积、株数的 86.29% 和 97.81%。自然植被中共涉及 2 个植被型，分别为落叶阔叶林和硬叶常绿阔叶林。其中：落叶阔叶林面积 2.98 亩，39 株，分别占自然植被面积、株数的 11.94% 和 26.17%；硬叶常绿阔叶林面积 21.98 亩，110 株，分别占自然植被面积、株数的 88.06% 和 73.83%。沧源县古茶树资源群落结构与植被类型按面积株数统计情况见表 2-8。

表 2-8 沧源县古茶树资源群落结构与植被类型按面积株数统计表统计　单位：亩、株

属性	植被类型	合计		单层林		复层林	
		面积	株树	面积	株树	面积	株树
	小计	182.09	6813			182.09	6813
自然植被	落叶阔叶林	2.98	39			2.98	39
	硬叶常绿阔叶林	21.98	110			21.98	110
人工植被		157.13	6664			157.13	6664

第三节　古茶树种质资源

一、野生型古茶树种质资源

沧源县野生型古茶树群落面积 24.96 亩，茶种均为大理茶（C.taliensis）。按野生茶树生长的生境（地类）分均为生长于疏林地的野生茶树（野生疏林）中。

沧源县野生古茶树群落主要分布在单甲、糯良、勐角、勐董四乡镇相连的范俄山、芒告大山、窝坎大山、大黑山，海拔 1700～2489 米范围内原始森林和次生林中。最具特点的是单甲、糯良乡交界处的大黑山野生古茶树群落，该群落生长在原始森林中。大黑山山顶海拔 2469 米，植被类型为南亚热带山地季雨林，是野生古茶树分布较集中的地段，每隔 5～100 米有株高 30 米以上，根直径 50 米以上的野生茶树，株高 0.3～6 米茶树随处可见。代表性植株有：大黑山 1 号古茶树，野生古茶树，大理茶（C.taliensis）；贺岭 1 号古茶树，野生古茶树，大理茶（C.taliensis）；嘎多 1 号古茶树，野生古茶树，大理茶（C.taliensis）；班列村 1 号古茶树，野生古茶树，老黑茶（C.atrothea）。

二、栽培型古茶树种质资源

沧源县栽培型古茶园面积 157.13 亩，主要栽培种为普洱茶（C.sinensis ar assamica）。按生长的生境（地类）分：生长于有林地的栽培茶（栽培有林）面积 136.28 亩，占 86.73%；生长于灌木林地的栽培茶（栽培灌木）面积 20.85 亩，占 13.27%。

据当地居民和相关文史资料记载，沧源县人工栽培茶叶历史 300～500 年，但在距今 3000 多年崖画中，发现了有关采茶的图案，当时采摘的应该是野生茶。代表性茶园为糯良乡帕拍古茶园，集中连片分布在帕拍村后山，多为勐库大叶茶，但变异类型丰富，部分散生于路边、房前屋后。代表性植株有：帕拍村 1、2、3、4 号古茶树，栽培古茶树，大理茶（C.taliensis）；帕拍村 5、6 号古茶树，栽培古茶树，普洱茶（C.sinensis var assamica）；贺岭村 2 号古茶树，栽培古茶树，滇缅茶（C.irrawadiensis）；贺岭村 3 号古茶树，栽培古茶树，滇缅茶（C.irrawadiensis）。

第四节　古茶名山状况

　　沧源糯良乡帕拍村古茶园主要分布于糯良乡，糯良乡地处沧源县中部，位于东经 99°09′，北纬 23°04′，距县城 28 公里。东北面与勐省镇接壤，东南与单甲乡相连。南邻勐董镇，西接勐角乡，西南与缅甸（大芒海）接壤。乡辖境内最高海拔（糯良大黑山）2469 米，最低海拔（怕秋热水塘）1100 米，相对高差 1250 米，气候属高寒冷凉山区。古茶园相对集中在大黑山区的帕拍村——班考村一带，其中帕拍村有树龄在一百年至数百年的栽培型古茶树群落。该群落分布于东经 99°12′10″～99°12′19″，北纬 23°18′52″～23°18′53″之间，海拔 1970～1987 米，品种均为勐库大叶种。

　　帕拍村古茶园西属南滚河水系，东属小黑江水系，是南滚河与小黑江的分水岭。由于南滚河流入缅甸萨尔温江，属印度洋水系，小黑江流入澜沧江，属太平洋水系，所以帕拍村古茶园属于受两大水系共同滋养的茶。其滋味甜，水显得稍亮、更柔润，存放一段时间后有近蔗糖的淡淡甜味，这是沧源佤族茶特有的"古茶味"。

第三章
凤庆篇

第一节　凤庆概况

一、 地理位置与行政区划

凤庆县位于云南省西南部,临沧市西北部,地理坐标东经 99°31′～100°13′,北纬 24°13′～25°02′。东与云县交界,南与永德县接壤,西与昌宁县毗邻,东北以黑惠江为界,与巍山县、南涧县隔江相望。全县东西宽 70.8 公里,南北长 89.2 公里,土地总面积 332378 公顷。县城凤山镇居县境中部,东距云南省会昆明市 580 公里,南距临沧市 123 公里。

凤庆县隶属云南省临沧市,全县共辖凤山镇、鲁史镇、勐佑镇、营盘镇、三岔河镇、洛党镇、雪山镇、小湾镇、大寺乡、新华彝族苗族乡、诗礼乡、郭大寨彝族白族乡、腰街彝族乡等 13 个乡(镇),187 个村民委员会(社区)。

二、地形地貌

凤庆县地处横断山脉余脉,滇西南帚状山脉中山宽谷区。境内地形复杂、山高谷深、起伏多变。澜沧江自西向东穿越北部,江北为云岭山脉支脉盘结,从西向东南分布,主要山峰有光山梁子、金堂山、卡马山头、池塘梁子、六五山等,连贯鲁史、诗礼、新华等几个乡镇;江南为怒山支脉,从南至北分布,主要有大雪山、万明山、黑龙潭山等,较大的山峰有黄竹岭、打麻场、大草场等十余座山峰。境内最高山峰为黄竹岭,海拔达 3098.7 米,最低点为营盘三塔河口,海拔仅 919 米,相对高差达 2179.7 米。

由于长期地质综合作用,形成了凤庆县五大山系及山地与丘陵盆地相间的峡谷区、中山宽谷区和山间丘陵盆地三种地貌形态。峡谷区位于凤庆县北部黑惠江与澜沧江之间和东南三岔河、雪山、郭大寨乡一带,山势多呈下陡上峻中缓形状,故垦植区多在半山腰;宽谷区位于凤庆县中部的洛党、勐佑、大寺、凤山等乡镇一带,山势较平缓,山川间距大,河谷两岸有一定数量的冲积小平坝,是水稻、小麦主产区;丘陵区位于凤庆县西南部的营盘镇,山势开阔,谷浅坡缓,是凤庆县主要作物和粮食产区。全县山地面积约占 95%,平坝、丘陵只占 5%,是一个典型的山区县。

三、气候

凤庆县属低纬高原(山地)亚热带季风气候,因受海、陆季风的影响,有雨热同季、气候温和、日照充足、冬暖夏凉、四季如春、雨量集中、干湿分明的特点。加之地形地貌复杂，相对高差达 2179.7 米，立体气候十分明显，形成了 6 个立体气候带，即：南亚热带（海拔 919 ～ 1400 米），中亚热带（海拔 1400 ～ 1700 米），北亚热带（海拔 1700 ～ 2000 米），暖温带（海拔 2000 ～ 2400 米），温带（海拔 2400 ～ 2900 米），寒温带（海拔 3000 米左右）。历年平均气温 16.6℃，年总积温 6048.4℃，≥ 10℃积温 5593.6℃，最高年平均气温 22.7℃，最低年平均气温 12.3℃；最热月（6、7 月）平均气温 20.8℃，最冷月（1 月）平均气温 10.3℃，年温差 10.5℃。年日照时数 2074.3 小时，日照百分率 47%，年太阳总辐射量为 130.022 千卡 / 平方米。年平均霜期 67 天，无霜期 298 天。年降水量为 1900 ～ 2100 毫米，年平均降雨日数 176 天，雨季（5 ～ 8 月）降雨量占全年的 82.3%，干季一般由 11 月开始至次年 5 月上旬，降雨量占年总数的 17.7%。年平均蒸发量 1878.9 毫米，年平均相对湿度 73%。

灾害性气候主要有寒害、冷害、霜冻、干旱、洪涝、冰雹和大风等。总之，凤庆县不仅光照充足，热量丰富，且光、热、水条件相互配合，自然形成了农作物生长的有利条件。同时，具有立体气候的特点，复杂多样的气候类型，给多种植物的生长发育创造了良好条件。

四、水文

境内属澜沧江和怒江两大水系，其中澜沧江流域面积占 89%，怒江流域面积占 11%。全县境内共有大小河流 168 条，主要河流 14 条，全长 276.6 公里。澜沧江由保山昌宁县入境，流经大寺、鲁史、新华、小湾等乡镇，经腰街北部流出县境，过境长度 59.4 公里。黑惠江是本县与巍山县、南涧县的界河，沿东北部边缘南流注入澜沧江。顺甸河由习谦入境，流经德思里、三岔河、雪山乡而后进入云县境内。其中，属澜沧江水系 160 条，一级支流有黑惠江，二级支流有迎春河、顺甸河；怒江水系集中于营盘一带，二级支流有南糯河、锡腊河。

五、森林土壤

凤庆县地质构造属澜沧江变质带，有古生代、中生代、新生代的多种岩层出现。新生代第二纪以后，规模宏大的喜马拉雅造山运动，强烈地干扰了本区，使地层再次发生褶曲、断裂、变陡，最后堆积了第四（距今二百万年）坡积、残积、冲积的砾土层和黏土层，形成了复杂多样的地貌形态。其境内主要土壤有以下几类。赤红壤：分布海拔 1300 米以下（900 ～ 1300 米），主要分布在洛党镇的大兴，营盘镇的忙邦、秀塘、大乃坝、干塘、贺费、景杏，鲁史镇的鲁史、永新，大寺乡等地。红壤：分布海拔 1300 ～ 2100 米，主要有老冲积红壤、玄武岩红壤、酸性母岩红壤、基性岩红壤和石灰岩红壤，各乡镇均有分布。黄壤：分布海拔 2100 ～ 2500 米，以酸性母岩黄壤为主，其次是石灰岩黄壤，最少的是基性岩黄壤，各乡镇均有分布。黄棕壤：主要分布在海拔 2500 米以上的冷凉山区，分布面积小。根据母岩不同主要划分有板岩、片岩黄棕壤、石灰岩黄棕壤、酸性母岩黄棕壤、片麻岩黄棕壤和砂岩黄棕壤 5 个土属。暗棕壤：具有良好的土壤物理性状，为林木或作物的生长奠定了优越的土壤环境条件。暗棕壤的腐殖质层因土壤生物积累作用强，有机质含量高，具有良好的团粒结构，主要分布在郭大寨乡。紫色土：由紫色砂页岩发育而成的土壤，分布区域海拔1050～2817米，受生物气候的影响，分为中性紫色土和酸性紫色土2个亚类。主要分布有2个区，即：低热河谷区，分布于黑惠江沿岸1000～1300米之间；暖温性至温凉地区，主要分布于凤庆县北部紫色土区的1300～2500米中高海拔地带。石灰土土类：由石灰岩发育形成的土壤，呈碱性反应，分布区域海拔1100～2100米，主要有红色石灰土和黑色石灰土2个亚类。分布面积极小，主要分布在鲁史镇的鲁家山、永新，新华乡的沙帽、瓦屋，营盘镇的杨家寨。

六、森林植被

凤庆县境内地形、地势和气温、土壤等垂直差异明显，生态环境多样，形成比较复杂的生物群落。属亚热带季雨林、半常绿季雨林地带中的滇西南河谷山地半常绿季雨林植被区。森林植被分布的垂直带性显著，随着山地海拔的升高，气候、土壤发生改变，导致森林植被明显不同。然而，在不同的水平带中，凤庆县森林垂直地带的构成具有一定的规律。森林植被随着山地海拔的升高呈垂直分布状：海拔1400米以下南亚热带河谷区，有钝叶黄檀、思茅黄檀、云南松、散生榕树、木荷、红椿、余甘子、木棉、白花羊蹄甲、合欢、无花果等；海拔1400～1700米的中亚热带低山区，以云南松纯林或松栎混交林为主，散生木荷、旱冬瓜、黄连木、桦木、秃杉等，以及部分林间灌丛；海拔1700～2000米的北亚热带半山区，以壳斗科阔叶树和旱冬瓜、核桃及大片人工茶园为主，混生华山松或小片华山松纯林，散生云南松、红花油茶、白花油茶、油杉等；海拔2000～2300米的南温带山区，以壳斗科的滇青冈、黄栎、高山栎等栎类，华山松和旱冬瓜为主，混生红花油茶、白花油茶，散生滇樟木、杜鹃、地盘松等；海拔2300米以上中温带地区，以常绿壳斗科树种构成主要植物群落，或以红花杜鹃、红花油茶、旱冬瓜、华山松为主，混生地盘松、实心竹、白竹、黄竹及灌丛。

第二节 古茶树资源

一、古茶树资源总量

凤庆县13个乡（镇）均有古茶树分布。其中：块状分布面积58343.49亩，在块状分布面积中：野生型42429.29亩，占块状分布面积的72.72%，栽培型15914.2亩，占块状分布面积的 27.28%；单株分布的株数 8890 株，野生型 1223 株，占单株分布株数的 13.76%，栽培型 7667 株，占单株分布株数的 86.24%。凤庆县各乡（镇）古茶树资源面积及数量见表 3-1，详见附表 1。

表 3-1　凤庆县各乡（镇）古茶树资源面积及数量统计表　　　　单位：亩、株

乡（镇）	块状			单株		
	计	野生型	栽培型	计	野生型	栽培型
合计	58343.49	42429.29	15914.2	8890	1223	7667
大寺乡	9373.09	5087.34	4285.75	2586	222	2364
凤山镇	1344.1		1344.1	84		84
郭大寨乡	1121.1	1.85	1119.25	160	10	150
鲁史镇	18909.32	18007.71	901.61	1021	269	752
洛党镇	6654.16	4755.68	1898.48	302	85	217
勐佑镇	4682.34	2625.54	2056.8	80	1	79
三岔河镇	3076.68	2257.77	818.91	675	39	636
诗礼乡	4148.9	4017.83	131.07	370	4	366
小湾镇	1821.08	1664.28	156.8	2118	513	1605
新华乡	586.1	559.38	26.72	143	59	84
雪山镇	6624.88	3451.91	3172.97	814	21	793
营盘镇	1.74		1.74	61		61
腰街乡				476		476

二、权属状况

（一）土地所有权

在全县块状分布面积 58343.49 亩，单株分布株数 8890 株。古茶树资源中，土地所有权为国有的块状分布面积为 25370.33 亩，占块状分布面积的 43.48%；土地所有权为集体的块状分布面积为 32973.16 亩，单株分布的株数为 8890 株，分别占块状分布面积、单株分布株数的 56.52% 和 100%。凤庆县各乡（镇）古茶树资源按土地所有权统计见表 3-2，详见附表 1。

表 3-2　凤庆县各乡（镇）古茶树资源按土地所有权统计表　　　　单位：亩、株

乡（镇）	土地所有权	块状			单株		
		计	野生型	栽培型	计	野生型	栽培型
合计	计	58343.49	42429.29	15914.2	8890	1223	7667
	国有	25370.33	24520.45	849.88			
	集体	32973.16	17908.84	15064.32	8890	1223	7667

续表

乡（镇）	土地所有权	块状			单株		
		计	野生型	栽培型	计	野生型	栽培型
大寺乡	集体	9373.09	5087.34	4285.75	2586	222	2364
凤山镇	国有	849.88		849.88			
	集体	494.22		494.22	84		84
郭大寨乡	集体	1121.1	1.85	1119.25	160	10	150
鲁史镇	国有	17506.44	17506.44				
	集体	1402.88	501.27	901.61	1021	269	752
洛党镇	国有	4673.96	4673.96				
	集体	1980.2	81.72	1898.48	302	85	217
勐佑镇	集体	4682.34	2625.54	2056.8	80	1	79
三岔河镇	集体	3076.68	2257.77	818.91	675	39	636
诗礼乡	集体	4148.9	4017.83	131.07	370	4	366
小湾镇	集体	1821.08	1664.28	156.8	2118	513	1605
新华乡	国有	559.38	559.38				
	集体	26.72		26.72	143	59	84
雪山镇	国有	1780.67	1780.67				
	集体	4844.21	1671.24	3172.97	814	21	793
营盘镇	集体	1.74		1.74	61		61
腰街乡	集体				476		476

（二）古茶树所有权

在全县块状分布面积58343.49亩，单株分布株数8890株。古茶树资源中，古茶树所有权为国有的块状分布面积为23921.46亩，占块状分布面积的41%；古茶树所有权为集体的块状分布面积为13727.12亩，单株分布的株数为87株，分别占块状分布面积、单株分布株数的23.53%和0.98%；古茶树所有权为个人的块状分布面积为20694.91亩，单株分布的株数为8803株，分别占块状分布面积、单株分布株数的35.47%和99.02%。凤庆县各乡（镇）古茶树资源按古茶树所有权统计见表3-3，详见附表2。

表3-3 凤庆县各乡（镇）古茶树资源按古茶树所有权统计表 单位：亩、株

乡（镇）	古茶树所有权	块状			单株		
		计	野生型	栽培型	计	野生型	栽培型
合计	计	58343.49	42429.29	15914.2	8890	1223	7667
	国有	23921.46	23920.94	0.52			
	集体	13727.12	9548.24	4178.88	87	45	42
	个人	20694.91	8960.11	11734.8	8803	1178	7625

续表

乡（镇）	古茶树所有权	块状			单株		
		计	野生型	栽培型	计	野生型	栽培型
大寺乡	集体	2617.49	2617.49		1		1
	个人	6755.6	2469.85	4285.75	2585	222	2363
凤山镇	国有	0.52		0.52			
	集体	1215.31		1215.31	6		6
	个人	128.27		128.27	78		78
郭大寨乡	集体	458.79		458.79			
	个人	662.31	1.85	660.46	160	10	150
鲁史镇	国有	17506.44	17506.44				
	集体	1015.29	398.21	617.08			
	个人	387.59	103.06	284.53	1021	269	752
洛党镇	国有	4673.96	4673.96				
	集体	173.2		173.2	28	14	14
	个人	1807	81.72	1725.28	274	71	203
勐佑镇	集体	92.18		92.18			
	个人	4590.16	2625.54	1964.62	80	1	79
三岔河镇	集体	514.91	514.91		31	31	
	个人	2561.77	1742.86	818.91	644	8	636
诗礼乡	集体	4017.83	4017.83				
	个人	131.07		131.07	370	4	366
小湾镇	集体	1390.28	1390.28				
	个人	430.8	274	156.8	2118	513	1605
新华乡	集体	559.38	559.38				
	个人	26.72		26.72	143	59	84
雪山镇	国有	1740.54	1740.54				
	集体	1672.46	50.14	1622.32	21		21
	个人	3211.88	1661.23	1550.65	793	21	772
腰街乡	个人				476		476
营盘镇	个人	1.74		1.74	61		61

（三）古茶树使用权

在全县块状分布面积 58343.49 亩，单株分布株数 8890 株。古茶树资源中，古茶树使用权为国有的块状分布面积为 23921.46 亩，占块状分布面积的 41%；古茶树使用权为集体的块状分布面积为 13727.12 亩，单株分布的株数为 87 株，分别占块状分布面积、单株分布株数的 23.53% 和 0.98%；古茶树使用权为个人的块状分布面积为 20694.91 亩，单株分布的株数为8803株，分别占块状分布面积、单株分布株数的35.47%和99.02%。凤庆县各乡（镇）古茶树资源按古茶树使用权统计见表3-4，详见附表3。

表3-4　凤庆县各乡（镇）古茶树资源按古茶树使用权统计表　　单位：亩、株

乡（镇）	古茶树使用权	块状			单株		
		计	野生型	栽培型	计	野生型	栽培型
合计	计	58343.49	42429.29	15914.2	8890	1223	7667
	国有	23921.46	23920.94	0.52			
	集体	13727.12	9548.24	4178.88	87	45	42
	个人	20694.91	8960.11	11734.8	8803	1178	7625
大寺乡	集体	2617.49	2617.49		1		1
	个人	6755.6	2469.85	4285.75	2585	222	2363
凤山镇	国有	0.52		0.52			
	集体	1215.31		1215.31	6		6
	个人	128.27		128.27	78		78
郭大寨乡	集体	458.79		458.79			
	个人	662.31	1.85	660.46	160	10	150
鲁史镇	国有	17506.44	17506.44				
	集体	1015.29	398.21	617.08			
	个人	387.59	103.06	284.53	1021	269	752
洛党镇	国有	4673.96	4673.96				
	集体	173.2		173.2	28	14	14
	个人	1807	81.72	1725.28	274	71	203
勐佑镇	集体	92.18		92.18			
	个人	4590.16	2625.54	1964.62	80	1	79
三岔河镇	集体	514.91	514.91		31	31	
	个人	2561.77	1742.86	818.91	644	8	636
诗礼乡	集体	4017.83	4017.83				
	个人	131.07		131.07	370	4	366
小湾镇	集体	1390.28	1390.28				
	个人	430.8	274	156.8	2118	513	1605
新华乡	集体	559.38	559.38				
	个人	26.72		26.72	143	59	84
雪山镇	国有	1740.54	1740.54				
	集体	1672.46	50.14	1622.32	21		21
	个人	3211.88	1661.23	1550.65	793	21	772

续表

乡（镇）	古茶树使用权	块状			单株		
		计	野生型	栽培型	计	野生型	栽培型
腰街乡	个人				476		476
营盘镇	个人	1.74		1.74	61		61

三、地径状况

全县块状分布面积 58343.49 亩，其中：古茶树地径小于等于 20cm 的面积有 49534.38 亩，占块状分布面积的 84.90%；地径大于 20cm 小于等于 30cm 的面积有 4495.45 亩，占块状分布面积的 7.71%；地径大于 30cm 小于等于 50cm 的面积有 4313.66 亩，占块状分布面积的 7.39%。全县单株分布株数 8890 株，其中：古茶树地径小于等于 20cm 的株数有 2432 株，占单株分布株数的 27.36%；地径大于 20cm 小于等于 30cm 的株数有 3559 株，占单株分布株数的 40.03%；地径大于 30cm 小于等于 50cm 的株数有 2249 株，占单株分布株数的 25.30%；地径大于 50cm 的株数有 650 株，占单株分布株数的 7.31%。凤庆县各乡（镇）古茶树资源按地径统计见表 3-5，详见附表 5。

表 3-5　凤庆县各乡（镇）古茶树资源按地径统计表　　单位：亩、株

乡（镇）	地径级	块状			单株		
		计	野生型	栽培型	计	野生型	栽培型
合计	计	58343.49	42429.29	15914.2	8890	1223	7667
	地径≤20	49534.38	35489.81	14044.57	2432	238	2194
	20＜地径≤30	4495.45	2905.52	1589.93	3559	524	3035
	30＜地径≤50	4313.66	4033.96	279.7	2249	320	1929
	地径＞50				650	141	509
大寺乡	地径≤20	7405.36	4082.3	3323.06	249	8	241
	20＜地径≤30	1696.49	1004.09	692.4	863	41	822
	30＜地径≤50	271.24	0.95	270.29	1099	120	979
	地径＞50				375	53	322
凤山镇	地径≤20	1341.93		1341.93	28		28
	20＜地径≤30	2.17		2.17	38		38
	30＜地径≤50				18		18
郭大寨乡	地径≤20	1040.24	1.85	1038.39	154	8	146
	20＜地径≤30	80.86		80.86	6	2	4
鲁史镇	地径≤20	17994.53	17092.92	901.61	432	62	370
	20＜地径≤30	914.79	914.79		492	173	319
	30＜地径≤50				90	30	60
	地径＞50				7	4	3

乡（镇）	地径级	块状			单株		
		计	野生型	栽培型	计	野生型	栽培型
洛党镇	地径≤20	6125.8	4755.68	1370.12	109	3	106
	20＜地径≤30	527.22		527.22	97	34	63
	30＜地径≤50	1.14		1.14	70	30	40
	地径＞50				26	18	8
勐佑镇	地径≤20	4640.78	2624.97	2015.81	53	1	52
	20＜地径≤30	36.29	0.57	35.72	25		25
	30＜地径≤50	5.27		5.27	2		2
三岔河镇	地径≤20	770.9		770.9	323	12	311
	20＜地径≤30	231.95	186.94	45.01	263	16	247
	30＜地径≤50	2073.83	2070.83	3	86	8	78
	地径＞50				3	3	
诗礼乡	地径≤20	1387.59	1256.52	131.07	89		89
	20＜地径≤30	799.13	799.13		221		221
	30＜地径≤50	1962.18	1962.18		58	3	55
	地径＞50				2	1	1
小湾镇	地径≤20	1821.08	1664.28	156.8	491	125	366
	20＜地径≤30				802	225	577
	30＜地径≤50				600	107	493
	地径＞50				225	56	169
新华乡	地径≤20	586.1	559.38	26.72	39	16	23
	20＜地径≤30				60	26	34
	30＜地径≤50				36	12	24
	地径＞50				8	5	3
雪山镇	地径≤20	6420.07	3451.91	2968.16	313	3	310
	20＜地径≤30	204.81	0	204.81	395	7	388
	30＜地径≤50				105	10	95
	地径＞50				1	1	
营盘镇	地径≤20				35		35
	20＜地径≤30	1.74		1.74	22		22
	30＜地径≤50				4		4
腰街乡	地径≤20				117		117
	20＜地径≤30				275		275
	30＜地径≤50				81		81
	地径＞50				3		3

四、年龄级状况

全县古茶树总株数 1383028 株，其中：古茶树年龄小于 300 年的株数有 1222685 株，占古茶树总株数的 88.41%；古茶树年龄大于等于 300 年小于 499 年的株数有 127635 株，占古茶树总株数的 9.23%；古茶树年龄大于等于 500 年的株数有 32708 株，占古茶树总株数的 2.36%。凤庆县各乡（镇）古茶树资源按年龄级见表 3-6，详见附表 6。

表 3-6 凤庆县各乡（镇）古茶树资源按年龄级统计表　　　　单位：株

乡（镇）	年龄级	计	块状			单株		
			计	野生型	栽培型	计	野生型	栽培型
合计	计	1383028	1374138	332369	1041769	8890	1223	7667
	＜300	1222685	1215663	228483	987180	7022	951	6071
	300～499	127635	126457	76592	49865	1178	203	975
	≥500	32708	32018	27294	4724	690	69	621
大寺乡	＜300	180052	178398	17243	161155	1654	131	1523
	300～499	97370	96608	47057	49551	762	57	705
	≥500	32188	32018	27294	4724	170	34	136
凤山镇	＜300	134592	134509		134509	83		83
	300～499	1				1		1
郭大寨乡	＜300	88028	87876	15	87861	152	8	144
	300～499	2				2	1	1
	≥500	6				6	1	5
鲁史镇	＜300	132648	131750	71850	59900	898	198	700
	300～499	29971	29849	29535	314	122	70	52
	≥500	1				1	1	
洛党镇	＜300	121102	120837	41263	79574	265	55	210
	300～499	26				26	21	5
	≥500	11				11	9	2
勐佑镇	＜300	111616	111536	31784	79752	80	1	79
三岔河镇	＜300	125452	124783	14613	110170	669	35	634
	300～499	5				5	3	2
	≥500	1				1	1	
诗礼乡	＜300	52690	52349	20090	32259	341		341
	300～499	24				24	2	22
	≥500	5				5	2	3

续表

乡（镇）	年龄级	计	块状			单株		
			计	野生型	栽培型	计	野生型	栽培型
小湾镇	＜300	46663	45224	8322	36902	1439	445	994
	300～499	195				195	48	147
	≥500	484				484	20	464
新华乡	＜300	4133	3990	3188	802	143	59	84
雪山镇	＜300	225134	224359	20115	204244	775	19	756
	300～499	29				29	1	28
	≥500	10				10	1	9
腰街乡	＜300	464				464		464
	300～499	11				11		11
	≥500	1				1		1
营盘镇	＜300	111	52		52	59		59
	300～499	1				1		1
	≥500	1				1		1

五、地类分布状况

全县块状分布面积 58343.49 亩。其中：分布地类为耕地的面积 1566.38 亩，占总面积的 2.68%；分布地类为园地的面积 13520.01 亩，占总面积的 23.17%；分布地类为林地的面积 42327.04 亩，占总面积的 72.55%；分布地类为草地的面积 7.04 亩，占总面积的 0.01%；分布地类为其他用地的面积 923.02 亩，占总面积的 1.58%。全县单株分布株数 8890 株，其中：分布地类为耕地的株数 2506 株，占总株数的 28.19%；分布地类为园地的株数 4292 株，占总株数的 48.28%；分布地类为林地的株数 1221 株，占总株数的 13.73%；分布地类为草地的株数 13 株，占总株数的 0.15%；分布地类为其他用地的株数 858 株，占总株数的 9.65%。凤庆县各乡（镇）古茶树资源不同分布地类统计见表 3-7，详见附表 7。

表 3-7　凤庆县各乡（镇）古茶树资源不同分布地类统计表　统计单位：亩、株

乡（镇）	分布地类	块状			单株		
		计	野生型	栽培型	计	野生型	栽培型
合计	计	58343.49	42429.29	15914.2	8890	1223	7667
	耕地	1566.38	281.34	1285.04	2506	265	2241
	园地	13520.01	2313.08	11206.93	4292	564	3728
	林地	42327.04	39006.55	3320.49	1221	236	985
	草地	7.04		7.04	13	2	11
	其他用地	923.02	828.32	94.7	858	156	702

续表

乡（镇）	分布地类	块状			单株		
		计	野生型	栽培型	计	野生型	栽培型
大寺乡	草地				1		1
	耕地	514.43	281.34	233.09	307	14	293
	林地	3351.37	2029.39	1321.98	339	29	310
	其他用地	860.87	828.32	32.55	163	20	143
	园地	4646.42	1948.29	2698.13	1776	159	1617
凤山镇	耕地				1		1
	林地	8.8		8.8	18		18
	其他用地	0.52		0.52	5		5
	园地	1334.78		1334.78	60		60
郭大寨乡	耕地	120.44		120.44	87	6	81
	林地	238.48		238.48	22		22
	其他用地				7		7
	园地	762.18	1.85	760.33	44	4	40
鲁史镇	草地				1		1
	耕地	57.68		57.68	605	146	459
	林地	18057.02	17979.65	77.37	103	13	90
	其他用地	6.5		6.5	146	46	100
	园地	788.12	28.06	760.06	166	64	102
洛党镇	草地				3	2	1
	耕地	205.48		205.48	48	14	34
	林地	4910.91	4695.37	215.54	93	42	51
	其他用地				29	6	23
	园地	1537.77	60.31	1477.46	129	21	108
勐佑镇	草地	7.04		7.04			
	耕地	176.68		176.68	22		22
	林地	3003.11	2624.97	378.14	1		1
	其他用地	2.56		2.56	9		9
	园地	1492.95	0.57	1492.38	48	1	47
三岔河镇	草地				1		1
	耕地	329.58		329.58	329	3	326
	林地	2422.81	2257.77	165.04	74	33	41
	其他用地				16	2	14
	园地	324.29		324.29	255	1	254

乡（镇）	分布地类	块状			单株		
		计	野生型	栽培型	计	野生型	栽培型
诗礼乡	草地				1		1
	耕地	7.68		7.68	215	2	213
	林地	4017.83	4017.83		24		24
	其他用地				55	1	54
	园地	123.39		123.39	75	1	74
小湾镇	草地				5		5
	耕地				188	45	143
	林地	1429.96	1390.28	39.68	369	109	260
	其他用地				277	72	205
	园地	391.12	274	117.12	1279	287	992
新华乡	耕地	26.72		26.72	84	28	56
	林地	559.38	559.38		7	1	6
	其他用地				29	9	20
	园地				23	21	2
雪山镇	耕地	125.95		125.95	358	7	351
	林地	4327.37	3451.91	875.46	118	9	109
	其他用地	52.57		52.57	54		54
	园地	2118.99		2118.99	284	5	279
腰街乡	耕地				234		234
	林地				46		46
	其他用地				67		67
	园地				129		129
	草地				1		1
营盘镇	耕地	1.74		1.74	28		28
	林地				7		7
	其他用地				1		1
	园地				24		24

六、群落结构与植被类型

凤庆县古茶树群落面积共 58343.49 亩，1374138 株。按群落结构分：单层林面积 17322.64 亩，1009646 株，分别占古茶树群落面积、株数的 29.69% 和 73.47%；复层林面积 41020.85 亩，364492 株，分别占古茶树群落面积、株数的 70.31% 和 26.53%。

按植被类型分：自然植被型面积 52856.19 亩，1022844 株，分别占古茶群落面积、株数的 90.59% 和 74.44%；人工植被面积 5487.3 亩，351294 株，分别占古茶群落面积、株数的 9.41% 和 25.56%。自然植被中共涉及 5 个植被型，分别为常绿阔叶林、灌丛、落叶阔叶林、稀树灌木草丛、硬叶常绿阔叶林。其中常绿阔叶林面积 29795.19 亩，180075 株，分别占自然植被面积、株数的 56.37% 和 17.61%；灌丛面积 10753.05 亩，696588 株，分别占自然植被面积、株数的 20.34% 和 68.10%；落叶阔叶林面积 5020.87 亩，62634 株，分别占自然植被面积、株数的 9.50% 和 6.12%；稀树灌木草丛面积 3269.25 亩，63457 株，分别占自然植被面积、株数的 6.19% 和 6.20%；硬叶常绿阔叶林面积 4017.83 亩，20090 株，分别占自然植被面积、株数的 7.60% 和 1.96%。凤庆县古茶树资源群落结构与植被类型按面积株数统计情况见表 3-8。

表 3-8　凤庆县古茶树资源群落结构与植被类型按面积株数统计表　　统计单位：亩、株

属性	植被类型	合计		单层林		复层林	
		面积	株树	面积	株树	面积	株树
	小计	58343.49	1374138	17322.64	1009646	41020.85	364492
自然植被	常绿阔叶林	29795.19	180075	87.87	715	29707.32	179360
	灌丛	10753.05	696588	10579.73	695201	173.32	1387
	落叶阔叶林	5020.87	62634	2645	32061	2375.87	30573
	稀树灌木草丛	3269.25	63457			3269.25	63457
	硬叶常绿阔叶林	4017.83	20090			4017.83	20090
人工植被		5487.3	351294	4010.04	281669	1477.26	69625

第三节　古茶树种质资源

一、野生型古茶树种质资源

凤庆县野生型古茶树群落面积 42429.29 亩，茶种主要为大理茶。按野生茶树生长的生境（地类）分：生长于有林地的野生茶（野生有林）面积 38833.23 亩，占 91.52%；生长于灌木林地的野生茶（野生灌木）面积 173.32 亩，占 0.41%；生长于园地的野生茶（野生园地）面积 2313.08 亩，占 5.45%；生长于其他地类的野生茶树（野生其他）面积 1109.66 亩，占 2.62%。

凤庆县野生古茶树资源极为丰富，现存野生古茶树群落分布于诗礼乡古墨、永新乡大尖山、小湾镇香竹箐、小湾镇梅竹、腰街乡星源、四十八道河保护区、洛党石洞寺、

大寺平河、大寺大河箐、三岔河柏木、鲁史镇古平沿河、雪山镇万明山、新华乡牛肩山、大寺岔河、德思里阿里侯等较大区域，以及鲁史镇金鸡村有百株连片的野生古茶树群落。古平山头生长着3000多株，金鸡山的老道箐一带有百株连片的野生古茶树群落多处，诗礼乡古墨村山头约有2平方公里的古茶树群落。凤庆雪山镇立马村、新华牛肩山，凤山镇安石村，腰街乡，小湾镇所属各村都有野生茶树群落分布。三岔河镇的柏木村野生古茶树分布于原始森林、次原始森林中。当地群众世代相传，有每年上山采摘野生茶习俗，称为大山茶、大黑茶、本山茶。

二、栽培型古茶树种质资源

凤庆县栽培型古茶园面积15914.2亩，主要栽培种为普洱茶，其次是大理茶。按生长的生境（地类）分：生长于有林地的栽培茶（栽培有林）面积3167.93亩，占19.91%；生长于灌木林地的栽培茶（栽培灌木）面积152.56亩，占0.96%；生长于园地的栽培茶（栽培园地）面积11206.93亩，占70.42%；生长于草地的栽培茶树（栽培草地）面积7.04亩，占0.04%；生长于其他地类的栽培茶树（栽培其他）面积1379.74亩，占8.67%。

凤庆县种茶历史悠久，栽培古茶树资源极为丰富，是最早发现和利用茶树主要地区。早在周时期，居住在凤庆古代先民濮人已开始利用和植种茶叶，现保存有世界上最粗最古老的栽培古茶树——凤庆香竹箐古茶树（被尊称为"锦绣茶祖"），沿澜沧江右畔山麓的大寺乡平河至小湾新源等村寨，尚有成排生长于农舍房前屋后、园边地埂的栽培古茶树。代表性植株：香竹箐1号古茶树，栽培古茶树，大理茶（C.taliensis），又称香竹箐古茶树、锦绣茶祖；锦绣村1、2号古茶树，栽培古茶树，普洱茶种（C.sinensis var assamica），凤庆长叶茶；岔河村1号古茶树，栽培古茶树，普洱茶种（C.sinensis var assamica），凤庆长叶茶；平和村汤家1号古茶树，栽培古茶树，普洱茶种（C.sinensis var assamica），凤庆长叶茶；永新1号古茶树，栽培古茶树，普洱茶种（C. sinensis var assamica），凤庆长叶茶。

第四节 古茶名山状况

一、凤庆小湾镇古茶园

小湾镇位居县城东部，沿澜沧江南岸。跨东经98°58′～100°09′，北纬24°32′～24°44′。距县城64公里。东以落星河与腰街彝族乡分界，南与洛党彝族镇毗邻，西接凤山镇、大寺乡，北以澜沧江与新华彝族苗族乡及南涧县为界，境内居住着汉、彝、白、苗、傈僳、回、傣、佤、拉祜等民族。小湾镇地势西南高、东北低，海拔在987～2804米之间，立体气候明显，年平均气温16.5℃，年平均降雨量1360毫米，日照长，霜期短，属中亚热带气候。小湾镇古茶树主要分布于锦绣村香竹箐，锦绣村地处小湾镇南边，锦绣山村境内，古茶树资源十分丰富，主要分布在龙塘河、藤簸山河、榨房河、马鹿井和黄草坝水库一带，海拔在1750～2580米之间。生长在锦绣村的香竹箐古茶树，是世界上最粗最古老的栽培型古茶树，被尊称为"锦绣茶祖"。

二、凤庆大寺乡古茶园

大寺乡位于凤庆县城西北部，澜沧江南岸，距县城36公里，海拔在1000～2679.8米之间。辖区东与小湾镇相连，南同凤山镇毗邻，西连勐佑镇和昌宁县温泉、漭水两乡镇，北沿澜沧江与鲁史镇隔江相望。境内居住着汉、彝、苗、白、回、傣、佤、满、纳西、傈僳、拉祜、景颇、布朗等民族。大寺乡山高坡陡，沟壑纵横，土壤肥沃，属山区典型立体气候，年平均气温15℃，年平均降雨量1500毫米。霜期短，日照长。大寺乡古茶树主要分布于岔河村和平和村，特色是以凤庆大叶种为主，可称之为凤庆大叶种的"始祖库"。

第四章
耿马篇

第一节 耿马概况

一、地理位置与行政区划

耿马县隶属云南省临沧市，位于云南省西南边陲，临沧市西南部。东边与临翔区、双江县接壤，南与沧源县相连，西部与缅甸联邦共和国毗邻，北与镇康县、永德县、云县相依。境内东西宽 90 公里，南北长 42 公里，国境线长 47.35 公里。北回归线从县境南部四排山乡、芒撒镇一线穿过。地理坐标介于东经 98°48′00″～99°54′45″，北纬 23°20′58″～24°01′18″，全县国土总面积 372790 公顷。县城所在地耿马镇距临沧市政府所在地凤翔镇 160 公里，距省会昆明市 618 公里。

耿马县下辖 9 个乡（镇），分别为耿马镇、孟定镇、勐撒镇、勐永镇、大兴乡、勐简乡、贺派乡、四排山乡和芒洪拉祜族布朗族乡（以下简称"芒洪乡"），共 83 个村民委员会及社区，955 个村民小组。耿马镇为县委、县人民政府驻地，是全县的政治、经济及文化中心。

二、地质地貌

耿马县地质构造属冈底斯—念青唐古拉褶皱系，大部分为昌宁—孟连褶皱带，是中生代印支运动和燕山运动时褶皱形成。受喜马拉雅造山运动的影响，在第三纪时形成高原雏形，第四纪以来，高原强烈提升，河流急剧下切，形成中切谷地及丘陵河谷，有喜马拉雅第三亚构造层，燕山第一亚构造层及印支构造层。由于耿马县地处腾冲耿马地震带中部，受澜沧江断裂带、南汀河断裂带等的影响，境内由多块碎小的板块组成，地壳活动频繁。

境内主要地貌类型有：大青山深切割中山峡谷地貌，中切割中山陡坡地貌，中切割中山缓坡地貌，耿马、孟定河谷盆地，孟定、勐简岩溶断陷盆地地貌等。县境地势属滇西纵谷区横断山南延部分，呈东北高，西南低，境内最高海拔大雪山 3233.5 米，最低海拔南汀河出境处 450 米，相对高差 2783.5 米。

三、气候

境内气候受印度洋气流和西南季风的影响，为南亚热带山地季风气候。由于境内山峦起伏，海拔高差大，立体气候十分突出。其特点是：气候温暖湿润，热量充裕，降水丰沛，干湿季分明，冬春多雾。年平均气温 19.4℃，年极端高温 34.2℃，年极端低温

1.8℃，年≥10℃积温 6607.1℃，年日照时数平均 2087.6 小时，年均降雨量 1315.5 毫米，雨季降雨量占 85.0%，年平均蒸发量 1053.9 毫米，年均相对湿度 78.0%。

境内气候分别有北热带气候、南亚热带气候、中亚热带气候、北亚热带气候、南温带和中温带气候等。生长着不同的植被类型。

四、森林土壤

根据《耿马土壤》，全县土壤分为 10 个土类、15 个亚类、41 个土属、181 个土种。其中，主要的森林土壤有：砖红壤、赤红壤、红壤、黄壤、黄棕壤、棕壤等土类。耿马县森林土壤垂直分布明显，主要成土母质以千枚岩、砂岩、石灰岩为主。砖红壤：分布海拔 700 米以下，主要分布于勐简、孟定沟谷地带，植被属热带雨林和季雨林。赤红壤：分布海拔 700～1300 米，主要分布在孟定镇的河外片区，勐简乡与福荣片区交界一线及勐永镇河底岗周围、四排山下部、勐撒镇西部、大平寨等。植被属南亚热带季风常绿阔叶林。红壤：分布海拔 1300～2100 米，主要分布于芒洪、勐撒、大兴、勐永、勐简及四排山大部地区。植被类型为中亚热带气候条件发育下常绿阔叶林或针阔混交林。黄壤：分布海拔 2100～2300 米，主要分布在大青山上部，贺派的帮卖、洛阳中上部，芒洪、四排山及河外片区长青山一带，与红壤镶嵌分布。植被为北亚热带气候条件下发育的常绿阔叶林和常绿落叶阔叶林。黄棕壤：分布海拔 2300～2700 米，主要森林植被为青冈苔藓林和实心竹林，分布于大雪山中上部、大青山邦卖福荣山脊一侧。棕壤：分布海拔 2700～3000 米之间，主要植被为杜鹃矮林。此外，还有石灰土在下四排、下河外及低山丘陵的石灰岩岩溶地区与赤红壤、砖红壤交错分布。大雪山顶部有亚高山草甸土分布。

五、水文

耿马县境内河流分属怒江水系和澜沧江水系，怒江水系主要河流为南汀河及其大小支流有几十条，澜沧江水系河流主要是南碧河，属小黑江上游支流之一。

南汀河发源于临沧市临翔区博尚镇讯房、勐准一带，入勐永镇后经孟定镇清水村出境入缅甸。境内全长 311 公里，集水面积 7740 平方公里。

南碧河发源于大雪山，与挡帕河汇合后汇入小黑江，河长 103.2 公里，集水面积 996.35 平方公里，是耿马、芒洪等乡（镇）生产生活用水的重要河流。

六、森林植被

在云南植被区划中，以耿马大青山为界，东部植被属高原亚热带南部季风常绿阔叶林带，滇西南中山山原河谷季风常绿阔叶林区；西部植被属季风热带边缘、季雨林、半常绿季雨林地带，滇南滇西南山间盆地季节雨林、半常绿季雨林区，滇西南中山宽谷半常绿季雨林区。季雨林、半常绿季雨林虽是耿马县地带性植被，但只在清水河一带有小块状分布。耿马县山地垂直高差大，植被垂直分带较为明显。从低海拔到高海拔依次为：以千果榄仁、绒毛番龙眼为标志的季节性雨林；以高榕、毛麻楝为标志的半常绿季雨林；以木棉、羊蹄甲为标志的落叶季雨林；以刺栲为优势的季风常绿阔叶林；以石栎为优势的半湿润常绿阔叶林；以刺头石栎为优势的中山湿性常绿阔叶林及以杜鹃为优势的山顶苔藓矮林的山地植被垂直系列。

第二节　古茶树资源

一、古茶树资源总量

耿马县 9 个乡（镇）中 8 个乡（镇）均有古茶树分布。其中：块状分布面积 3828.61 亩，在块状分布面积中野生型 0.53 亩，占块状分布面积的 0.01%，栽培型 3828.08 亩，占块状分布面积的 99.99%；单株分布的株数 308 株，野生型 13 株，占单株分布株数的 4.22%，栽培型 295 株，占单株分布株数的 95.78%。耿马县各乡（镇）古茶树资源面积及数量见表 4-1，详见附表 1。

表 4-1　耿马县各乡（镇）古茶树资源面积及数量统计表　　单位：亩、株

乡（镇）	块状			单株		
	计	野生型	栽培型	计	野生型	栽培型
合计	3828.61	0.53	3828.08	308	13	295
大兴乡	3.76	0.53	3.23	20	12	8
耿马镇	47.56		47.56	166		166
贺派乡				61		61
勐简乡	1728.81		1728.81	6		6
勐撒镇	34.6		34.6	37		37
勐永镇	2008.45		2008.45	12		12
孟定镇	5.43		5.43	1		1
四排山乡				5	1	4

二、权属状况

（一）土地所有权

在全县块状分布面积 3828.61 亩，单株分布株数 308 株。古茶树资源中，土地所有权为国有的单株分布株数为 2 株，占单株分布株数的 0.65%；土地所有权为集体的块状

分布面积为 3828.61 亩，单株分布的株数为 306 株，分别占块状分布面积、单株分布株数的 100% 和 99.35%。耿马县各乡（镇）古茶树资源按土地所有权统计见表 4-2，详见附表 1。

表 4-2　耿马县各乡（镇）古茶树资源按土地所有权统计表　　单位：亩、株

乡（镇）	土地所有权	块状			单株		
		计	野生型	栽培型	计	野生型	栽培型
合计	计	3828.61	0.53	3828.08	308	13	295
	国有				2	2	
	集体	3828.61	0.53	3828.08	306	11	295
大兴乡	国有				1	1	
	集体	3.76	0.53	3.23	19	11	8
耿马镇	集体	47.56		47.56	166		166
贺派乡	集体				61		61
勐简乡	集体	1728.81		1728.81	6		6
勐撒镇	集体	34.6		34.6	37		37
勐永镇	集体	2008.45		2008.45	12		12
孟定镇	集体	5.43		5.43	1		1
四排山乡	国有				1	1	
	集体				4		4

（二）古茶树所有权

在全县块状分布面积 3828.61 亩，单株分布株数 308 株。古茶树资源中，古茶树所有权为国有的单株分布株数为 2 株，占单株分布株数的 0.65%；古茶树所有权为集体的块状分布面积为 255.61 亩，单株分布的株数为 173 株，分别占块状分布面积、单株分布株数的 6.68% 和 56.17%；古茶树所有权为个人的块状分布面积为 3343.07 亩，单株分布的株数为 132 株，分别占块状分布面积、单株分布株数的 87.32% 和 42.86%；古茶树所有权为其他的块状分布面积为 229.93 亩，单株分布的株数为 1 株，分别占块状分布面积、单株分布株数的 6.01% 和 0.32%。耿马县各乡（镇）古茶树资源按古茶树所有权统计见表 4-3，详见附表 2。

表 4-3　耿马县各乡（镇）古茶树资源按古茶树所有权统计表　　单位：亩、株

乡（镇）	古茶树所有权	块状			单株		
		计	野生型	栽培型	计	野生型	栽培型
合计	计	3828.61	0.53	3828.08	308	13	295
	国有				2	2	
	集体	255.61	0.53	255.08	173	8	165
	个人	3343.07		3343.07	132	3	129
	其他	229.93		229.93	1		1

续表

乡（镇）	古茶树所有权	块状			单株		
		计	野生型	栽培型	计	野生型	栽培型
大兴乡	国有				1	1	
	集体	0.53	0.53		8	8	
	个人	3.23		3.23	11	3	8
耿马镇	个人	47.56		47.56	165		165
	其他						1
勐简乡	集体	255.08		255.08			
	个人	1243.8		1243.8	6		6
	其他	229.93		229.93			
勐撒镇	个人	34.6		34.6	37		37
勐永镇	个人	2008.45		2008.45	12		12
孟定镇	个人	5.43		5.43	1		1
贺派乡	个人				61		61
四排山乡	国有				1	1	
	个人				4		4

（三）古茶树使用权

在全县块状分布面积 3828.61 亩，单株分布株数 308 株。古茶树资源中，古茶树使用权为国有的单株分布株数为 2 株，占单株分布株数的 0.65%；古茶树使用权为集体的块状分布面积为 255.61 亩，单株分布的株数为 17 株，分别占块状分布面积、单株分布株数的 6.68% 和 5.52%；古茶树使用权为个人的块状分布面积为 3343.07 亩，单株分布的株数为 288 株，分别占块状分布面积、单株分布株数的 87.32% 和 93.51%；古茶树使用权为其他的块状分布面积为 229.93 亩，单株分布的株数为 1 株，分别占块状分布面积、单株分布株数的 6.01% 和 0.32%。耿马县各乡（镇）古茶树资源按古茶树使用权统计见表 4-4，详见附表 3。

表 4-4　耿马县各乡（镇）古茶树资源按古茶树使用权统计表　　单位：亩、株

乡（镇）	古茶树使用权	块状			单株		
		计	野生型	栽培型	计	野生型	栽培型
合计	小计	3828.61	0.53	3828.08	308	13	295
	国有				2	2	0
	集体	255.61	0.53	255.08	17	7	10
	个人	3343.07		3343.07	288	4	284
	其他	229.93		229.93	1	0	1

续表

乡（镇）	古茶树使用权	块状			单株		
		计	野生型	栽培型	计	野生型	栽培型
大兴乡	国有				1	1	
	集体	0.53	0.53		7	7	
	个人	3.23		3.23	12	4	8
耿马镇	集体				10		10
	个人	47.56		47.56	155		155
	其他				1		1
勐简乡	集体	255.08		255.08			
	个人	1243.8		1243.8	6		6
	其他	229.93		229.93	0		
勐撒镇	个人	34.6		34.6	37		37
勐永镇	个人	2008.45		2008.45	12		12
孟定镇	个人	5.43		5.43	1		1
贺派乡	个人				61		61
四排山乡	国有				1	1	
	个人				4		4

三、地径状况

全县块状分布面积 3828.61 亩，其中：古茶树地径小于等于 20cm 的面积有 3823.62 亩，占块状分布面积的 99.87%；地径大于 20cm 小于等于 30cm 的面积有 4.99 亩，占块状分布面积的 0.13%。全县单株分布株数 308 株，其中：古茶树地径小于等于 20cm 的株数有 126 株，占单株分布株数的 40.91%；地径大于 20cm 小于等于 30cm 的株数有 132 株，占单株分布株数的 42.86%；地径大于 30cm 小于等于 50cm 的株数有 47 株，占单株分布株数的 15.26%；地径大于 50cm 的株数有 3 株，占单株分布株数的 0.97%。耿马县各乡（镇）古茶树资源按地径统计见表 4-5，详见附表 5。

表 4-5　耿马县各乡（镇）古茶树资源按地径统计表　　　　单位：亩、株

乡（镇）	地径级	块状			单株		
		计	野生型	栽培型	计	野生型	栽培型
合计	计	3828.61	0.53	3828.08	308	13	295
	地径≤20	3823.62		3823.62	126	4	122
	20＜地径≤30	4.99	0.53	4.46	132	4	128
	30＜地径≤50				47	5	42
	地径＞50				3		3

乡（镇）	地径级	块状			单株		
		计	野生型	栽培型	计	野生型	栽培型
大兴乡	地径≤20	1.12		1.12	7	3	4
	20＜地径≤30	2.64	0.53	2.11	6	4	2
	30＜地径≤50				7	5	2
耿马镇	地径≤20	45.96		45.96	91		91
	20＜地径≤30	1.6		1.6	62		62
	30＜地径≤50				12		12
	地径＞50				1		1
勐简乡	地径≤20	1728.81		1728.81	2		2
	20＜地径≤30				1		1
	30＜地径≤50				3		3
勐撒镇	地径≤20	34.6		34.6	6		6
	20＜地径≤30				27		27
	30＜地径≤50				4		4
勐永镇	地径≤20	2008.45		2008.45	3		3
	20＜地径≤30				2		2
	30＜地径≤50				7		7
孟定镇	地径≤20	4.68		4.68	0		
	20＜地径≤30	0.75		0.75	1		1
贺派乡	地径≤20				14		14
	20＜地径≤30				31		31
	30＜地径≤50				14		14
	地径＞50				2		2
四排山乡	地径≤20				3	1	2
	20＜地径≤30				2		2

四、年龄级状况

全县古茶树总株数 521043 株，其中：古茶树年龄小于 300 年的株数有 520419 株，占古茶树总株数的 99.88%；古茶树年龄大于等于 300 年小于 499 年的株数有 623 株，占古茶树总株数的 0.12%；古茶树年龄大于等于 500 年的株数有 1 株。耿马县各乡（镇）古茶树资源按年龄级见表 4-6，详见附表 6。

表 4-6　耿马县各乡（镇）古茶树资源按年龄级统计表　　　　单位：株

乡（镇）	年龄级	计	块状			单株		
			计	野生型	栽培型	计	野生型	栽培型
合计	计	521043	520735	10	520725	308	13	295
	＜300	520419	520147	10	520137	272	11	261
	300～499	623	588		588	35	1	34
	≥500	1				1	1	
大兴乡	＜300	233	215	10	205	18	10	8
	300~499	1				1	1	
	≥500	1				1	1	
耿马镇	＜300	1346	1181		1181	165		165
	300～499	589	588		588	1		1
勐简乡	＜300	84703	84701		84701	2		2
	300～499	4				4		4
勐撒镇	＜300	17337	17300		17300	37		37
勐永镇	＜300	416570	416560		416560	10		10
	300～499	2				2		2
孟定镇	＜300	191	190		190	1		1
四排山乡	＜300	4				4	1	3
	300～499	1				1		1
贺派乡	＜300	35				35		35
	300～499	26				26		26

五、地类分布状况

　　全县块状分布面积 3828.61 亩。其中：分布地类为耕地的面积 82.12 亩，占总面积的 2.14%；分布地类为园地的面积 2015.48 亩，占总面积的 52.64%；分布地类为林地的面积 2.2 亩，占总面积的 0.06%；分布地类为其他用地的面积 1728.81 亩，占总面积的 45.16%；全县单株分布株数 308 株，其中：分布地类为耕地的株数 191 株，占总株数的 62.01%；分布地类为园地的株数 38 株，占总株数的 12.34%；分布地类为林地的株数 73 株，占总株数的 23.70%；分布地类为其他用地的株数 6 株，占总株数的 1.95%。耿马县各乡（镇）古茶树资源不同分布地类统计见表 4-7，详见附表 7。

表4-7　耿马县各乡（镇）古茶树资源不同分布地类统计表统计　单位：亩、株

乡（镇）	分布地类	块状			单株		
		计	野生型	栽培型	计	野生型	栽培型
合计	计	3828.61	0.53	3828.08	308	13	295
	耕地	82.12		82.12	191		191
	园地	2015.48		2015.48	38		38
	林地	2.2	0.53	1.67	73	13	60
	其他用地	1728.81		1728.81	6		6
大兴乡	耕地	1.09		1.09	8		8
	林地	1.07	0.53	0.54	12	12	
	园地	1.6		1.6	0		
耿马镇	耕地	46.43		46.43	108		108
	林地	1.13		1.13	58		58
勐简乡	其他用地	1728.81		1728.81	6		6
勐撒镇	耕地	34.6		34.6	11		11
	园地				26		26
勐永镇	耕地				1		1
	园地	2008.45		2008.45	11		11
孟定镇	园地	5.43		5.43	1		1
贺派乡	耕地				61		61
四排山乡	耕地				2		2
	林地				3	1	2

六、群落结构与植被类型

耿马县古茶树群落面积共3828.61亩，520735株。按群落结构分：单层林面积3239.03亩，472099株，分别占古茶树群落面积、株数的84.60%和90.66%；复层林面积589.58亩，48636株，分别占古茶树群落面积、株数的15.40%和9.34%。

按植被类型分：自然植被型面积2664.42亩，184539株，分别占古茶群落面积、株数的69.59%和35.44%；人工植被面积1164.19亩，336196株，分别占古茶群落面积、株数的30.41%和64.56%。自然植被中共涉及2个植被型，分别为常绿阔叶林和灌丛。其中常绿阔叶林面积1247.19亩，124366株，分别占自然植被面积、株数的46.81%和67.39%；灌丛面积1417.23亩，60173株，分别占自然植被面积、株数的53.19%和32.61%。耿马县古茶树资源群落结构与植被类型按面积株数统计情况见表4-8。

表4-8　耿马县古茶树资源群落结构与植被类型按面积株数统计表统计　单位：亩、株

属性	植被类型	合计		单层林		复层林	
		面积	株树	面积	株树	面积	株树
小计		3828.61	520735	3239.03	472099	589.58	48636
自然植被	常绿阔叶林	1247.19	124366	1247.19	124366		
	灌丛	1417.23	60173	1416.7	60163	0.53	10
人工植被		1164.19	336196	575.14	287570	589.05	48626

第三节　古茶树种质资源

一、野生型古茶树种质资源

耿马县野生型古茶树群落面积0.53亩，茶种为大理茶。按野生茶树生长的生境（地类）分均生长于灌木林地的野生茶（野生灌木）中。

耿马县野生古茶树资源主要分布在大青山自然保护区、大兴乡邦骂大雪山自然保护区、芒洪乡大浪坝水库周边原始林及次生林中。代表性植株有大青山1号古茶树，野生古茶树，大理茶（C.taliensis）；大浪坝1号古茶树，野生古茶树，大理茶（C.taliensis）；大兴1号古茶树，野生古茶树，大理茶（C.taliensis）。

二、栽培型古茶树种质资源

耿马县栽培型古茶园面积3828.08亩，主要栽培种为普洱。按生长的生境（地类）分：生长于有林地的栽培茶（栽培有林）面积2043.05亩，占53.37%；生长于灌木林地的栽培茶（栽培灌木）面积52.99亩，占1.38%；生长于园地的栽培茶（栽培园地）面积1732.04亩，占45.25%。

耿马县栽培古茶树资源分布较为零散，分布于海拔较高的山区。主要保存在勐撒镇芒碑、芒见，贺派乡贺岭、班卖等村寨周围，房前屋后，田间地头。代表植株有翁梦1、2号古茶树，栽培古茶树，普洱茶（C.sinensis var assamica），勐库大叶茶；班卖1号古茶树，栽培古茶树，普洱茶（C.sinensis var assamica），勐库大叶茶；户南村1号古茶树，栽培古茶树，普洱茶（C.sinensis var assamica），勐库大叶茶。

第四节 古茶名山状况

耿马贺派乡班卖村古茶园主要分布于贺派乡，贺派乡位于耿马县城南面，东至南碧河与四排山乡相连，南至挡坝河与沧源县勐来乡和勐省镇隔河相望，西接福荣乡，北连耿马镇。乡政府驻地距离县城10公里，乡境内分为山地、山麓坝两类地形，地势西高东低。山区半山区约占70%左右，有少部分地势较平缓的小凹地约占30%。境内与福荣乡交界的回汉山最高，海拔2977米，最低海拔980米，平均海拔1100米左右，全年气候温和，日照长，霜期短，无霜期为350天，年平均气温为18.5℃，雨量适中，年平均降雨量为1303.6毫米，为亚热带半湿润气候类型。古茶园主要分布在班卖村，由于村寨搬迁，古茶园已放荒，另外有零星古茶园分布在山地。

南华村1-10

第一节　临翔概况

一、地理位置与行政区划

临翔区位于云南省西南部，地处东经 99°45′～100°30′，北纬 23°30′～24°20′，东北与普洱市的镇源县隔澜沧江相望，东南与普洱市的景谷县相邻，南和西南与双江县毗邻，西与耿马县、北与云县接壤，东西宽 55 公里，南北长 83 公里。全区国土总面积 2557.29 平方公里。山区、半山区占 98.4%。

临翔区隶属云南省临沧市，全区共辖凤翔街道办事处（以下简称"凤翔街道办"）、忙畔街道办事处（以下简称"忙畔街道办"）、博尚镇、南美拉祜族乡（以下简称"南美乡"）、蚂蚁堆乡、章驮乡、圈内乡、马台乡、邦东乡、平村彝族傣族乡（以下简称"平村乡"）等 10 个乡（镇、街道办事处），102 个村民委员会（社区）。凤翔街道办是临沧市和临翔区的政治、经济、文化中心。

二、地形地势

临翔区地处怒山山脉向南延伸部分，是怒江和澜沧江两大水系的分水岭，属横断山脉纵谷区的南部。受中生代的燕山运动及新生代喜马拉雅运动的强烈影响，形成挤压紧密的褶曲和断层，并逐渐上升，印支运动期花岗岩侵入，经过地质作用形成主要山脊。澜沧江从东侧自北向南流过，将该区分成东、西两片，由于风化、流水侵蚀作用强烈，地面破碎，地形复杂，形成山峦重叠、起伏褶曲的亚高山、中山峡谷和山间盆地的地形。地势北高南低，澜沧江西部、东西两侧高，中间低，境内最高海拔 3429 米，最低海拔730 米，相对高差 2699 米。

三、气候

临翔区处于低纬度，冬春受南支西风急流的影响，少雨温凉；夏秋南支西风急流北移减弱，受印度洋西南暖湿气流控制，雨水多。形成冬无严寒、夏无酷暑、四季不明、干湿分明、雨量充沛但分布不均匀的气候特点，其气候类型属亚热带山地季风气候。由于受境内地势北高南低、相对高差大、地势起伏、山峦交错的影响，形成明显的"立体气候"，各地气候差异较大。全区年平均气温 18.0℃，最热月 6 月平均气温 22.6℃，极端高温 34.6℃，最冷月（1 月）平均气温 11.9℃，极端低温 -0.7℃，≥10℃的年积温为6037.6℃，帮东大雪山年均霜期 74 天，霜日 39 天，一般为轻霜，无霜期为 289 天，其他地区无降霜现象。年平均降水量 1323 毫米，5～10 月为雨季，降雨集中，5～10 月降雨量占全年降雨量的 92.2%。年蒸发量 619.9 毫米，相对湿度 74%。

全区光照充足，年均日照 2139 小时，但时空分布不均，冬春多，夏秋少。年太阳总辐射量 132.35 千卡/平方厘米，辐射强度大，光透射率高，短波辐射强，光质好，光热条件优越，有利于植物生长发育。

四、森林土壤

临翔区森林土壤成土母质主要有：砂岩、页岩、砾岩等沉积岩，岩浆岩类的花岗岩、玄武岩，以及少量的片麻岩、千枚岩、泥岩等变质岩，形成坡积、残积物。盆地四周边缘、河流两岸沟谷出口处有冲积、洪积扇堆积母质，坝区为湖冲积物和堆积等母质。森林土壤主要有赤红壤、红壤、黄壤、亚高山灌丛草甸土、棕壤等，分布随生物气候带的分异而形成地带性和垂直地带性。

五、水文

临翔区境内有 5 公里以上的大小河流 58 条，分别属澜沧江和怒江两大水系，澜沧江水系径流面积占 46.45%，怒江水系占 53.55%。截止 2014 年底，已建成大小水利工程 3546 件，总库容量 5013 万立方米；引水工程 3372 件，年引水量达 9308 万立方米。在蓄水工程中，已开发利用水资源 1.4 亿立方米，人均利用水量 209 立方米，开发利用率为 7.1%；全区水利工程保证灌溉面积 15.53 万亩，水利化程度达 42.7%。

六、植被

临翔区境内森林类型为半湿性常绿阔叶林与针叶林。森林植被主要有：针叶林：包括温性针叶林、暖性针叶林和暖热性针叶林，主要树种有云南松、华山松、思茅松、杉木、柳杉、油杉、铁杉、柏木等；阔叶林：包括常绿阔叶林、落叶阔叶林，主要树种有木荷、栎类、桦木、栲类、樟类、楒木、榕树等；灌丛：包括温凉性灌丛和暖性灌丛，主要树种有杜鹃、胡枝子、黄荆、萌生栎、米饭花、木姜子、南烛、山茶等；人工植被：经济林主要有茶叶、核桃等，用材林主要有华山松、杉木、桉树等。

第二节 古茶树资源

一、古茶树资源总量

临翔区 10 个乡（镇）均有古茶树分布。其中：块状分布面积 15980.75 亩，在块状分布面积中野生型 9303.03 亩，占块状分布面积的 58.21%，栽培型 6677.72 亩，占块状分布面积的 41.79%；单株分布的株数 1143 株，均为栽培型。临翔区各乡（镇）古茶树资源面积及数量见表 5-1，详见附表 1。

表 5-1 临翔区各乡（镇）古茶树资源面积及数量统计表 单位：亩、株

乡（镇）	块状			单株		
	计	野生型	栽培型	计	野生型	栽培型
合计	15980.75	9303.03	6677.72	1143		1143
邦东乡	4322.63		4322.63	40		40
博尚镇	41.85		41.85			
凤翔街道	228.41		228.41	126		126
马台乡	1509.96		1509.96	41		41
蚂蚁堆乡				473		473
忙畔街道				165		165
南美乡	9870.56	9303.03	567.53	120		120
平村乡				121		121
圈内乡	7.34		7.34	26		26
章驮乡				31		31

二、权属状况

（一）土地所有权

在全区块状分布面积 15980.75 亩，单株分布株数 1143 株。古茶树资源中，土地所有权为国有的块状分布面积为 9303.03 亩，占块状分布面积的 58.21%；土地所有权为集体的块状分布面积为 6677.72 亩，单株分布的株数为 1143 株，分别占块状分布面积、单株分布株数的 41.79% 和 100%。临翔区各乡（镇）古茶树资源按土地所有权统计见表 5-2，详见附表 1。

表 5-2　临翔区各乡（镇）古茶树资源按土地所有权统计表　　　单位：亩、株

乡（镇）	土地所有权	块状			单株		
		计	野生型	栽培型	计	野生型	栽培型
合计	计	15980.75	9303.03	6677.72	1143		1143
	国有	9303.03	9303.03				
	集体	6677.72		6677.72	1143		1143
邦东乡	集体	4322.63		4322.63	40		40
博尚镇	集体	41.85		41.85			
凤翔街道	集体	228.41		228.41	126		126
马台乡	集体	1509.96		1509.96	41		41
蚂蚁堆乡	集体				473		473
忙畔街道	集体				165		165
南美乡	国有	9303.03	9303.03				
	集体	567.53		567.53	120		120
平村乡	集体				121		121
圈内乡	集体	7.34		7.34	26		26
章驮乡	集体				31		31

（二）古茶树所有权

在全区块状分布面积 15980.75 亩，单株分布株数 1143 株。古茶树资源中，古茶树所有权为国有的块状分布面积为 9303.03 亩，占块状分布面积的 58.21%；古茶树所有权为集体的块状分布面积为 305.43 亩，单株分布的株数为 184 株，分别占块状分布面积、单株分布株数的 1.91% 和 16.10%；古茶树所有权为个人的块状分布面积为 6372.29 亩，单株分布的株数为 959 株，分别占块状分布面积、单株分布株数的 39.87% 和 83.90%。临翔区各乡（镇）古茶树资源按古茶树所有权统计见表 5-3，详见附表 2。

表 5-3　临翔区各乡（镇）古茶树资源按古茶树所有权统计表　　　单位：亩、株

乡（镇）	古茶树所有权	块状			单株		
		计	野生型	栽培型	计	野生型	栽培型
合计	计	15980.75	9303.03	6677.72	1143		1143
	国有	9303.03	9303.03				
	集体	305.43		305.43	184		184
	个人	6372.29		6372.29	959		959
邦东乡	集体				27		27
	个人	4322.63		4322.63	13		13
博尚镇	集体	41.85		41.85			

续表

乡（镇）	古茶树所有权	块状			单株		
		计	野生型	栽培型	计	野生型	栽培型
凤翔街道	集体				126		126
	个人	228.41		228.41			
马台乡	个人	1509.96		1509.96	41		41
南美乡	国有	9303.03	9303.03				
	集体	263.58		263.58			
	个人	303.95		303.95	120		120
圈内乡	个人	7.34		7.34	26		26
蚂蚁堆乡	个人				473		473
忙畔街道	个人				165		165
平村乡	个人				121		121
章驮乡	集体				31		31

（三）古茶树使用权

在全区块状分布面积 15980.75 亩，单株分布株数 1143 株。古茶树资源中，古茶树使用权为国有的块状分布面积为 9303.03 亩，占块状分布面积的 58.21%；古茶树使用权为集体的块状分布面积为 305.43 亩，占块状分布面积的 1.91%；古茶树使用权为个人的块状分布面积为 6372.29 亩，单株分布的株数为 1143 株，分别占块状分布面积、单株分布株数的 39.87 和 100%。临翔区各乡（镇）古茶树资源按古茶树使用权统计见表 5-4，详见附表 3。

表 5-4 临翔区各乡（镇）古茶树资源按古茶树使用权统计表　　　单位：亩、株

乡（镇）	古茶树使用权	块状			单株		
		计	野生型	栽培型	计	野生型	栽培型
合计	计	15980.75	9303.03	6677.72	1143		1143
	国有	9303.03	9303.03				
	集体	305.43		305.43			
	个人	6372.29		6372.29	1143		1143
邦东乡	集体						
	个人	4322.63		4322.63	40		40
博尚镇	集体	41.85		41.85			
凤翔街道	集体						
	个人	228.41		228.41	126		126
马台乡	个人	1509.96		1509.96	41		41

续表

乡（镇）	古茶树使用权	块状			单株		
		计	野生型	栽培型	计	野生型	栽培型
南美乡	国有	9303.03	9303.03				
	集体	263.58		263.58			
	个人	303.95		303.95	120		120
圈内乡	个人	7.34		7.34	26		26
蚂蚁堆乡	个人				473		473
忙畔街道	个人				165		165
平村乡	个人				121		121
章驮乡	个人				31		31

三、地径状况

全区块状分布面积 15980.75 亩，其中：古茶树地径小于等于 20cm 的面积有 11662.27 亩，占块状分布面积的 72.98%；地径大于 20cm 小于等于 30cm 的面积有 3653.61 亩，占块状分布面积的 22.86%；地径大于 30cm 小于等于 50cm 的面积有 664.87 亩，占块状分布面积的 4.16%。全区单株分布株数 1143 株，其中：古茶树地径小于等于 20cm 的株数有 435 株，占单株分布株数的 38.06%；地径大于 20cm 小于等于 30cm 的株数有 377 株，占单株分布株数的 32.98%；地径大于 30cm 小于等于 50cm 的株数有 267 株，占单株分布株数的 23.36%；地径大于 50cm 的株数有 64 株，占单株分布株数的 5.60%。临翔区各乡（镇）古茶树资源按地径统计见表 5-5，详见附表 5。

表 5-5 临翔区各乡（镇）古茶树资源按地径统计表　　　　单位：亩、株

乡（镇）	地径级	块状			单株		
		计	野生型	栽培型	计	野生型	栽培型
合计	计	15980.75	9303.03	6677.72	1143		1143
	地径≤20	11662.27	9303.03	2359.24	435		435
	20＜地径≤30	3653.61		3653.61	377		377
	30＜地径≤50	664.87		664.87	267		267
	地径＞50				64		64
邦东乡	地径≤20	1201.08		1201.08			
	20＜地径≤30	2484.03		2484.03	10		10
	30＜地径≤50	637.52		637.52	20		20
	地径＞50				10		10
博尚镇	地径≤20	41.85		41.85			

续表

乡（镇）	地径级	块状			单株		
		计	野生型	栽培型	计	野生型	栽培型
凤翔街道	地径≤20	217.82		217.82	78		78
	20＜地径≤30	10.59		10.59	41		41
	30＜地径≤50				7		7
马台乡	地径≤20	448.75		448.75	19		19
	20＜地径≤30	1061.21		1061.21	13		13
	30＜地径≤50				9		9
南美乡	地径≤20	9749.68	9303.03	446.65	25		25
	20＜地径≤30	93.53		93.53	61		61
	30＜地径≤50	27.35		27.35	30		30
	地径＞50				4		4
圈内乡	地径≤20	3.09		3.09	15		15
	20＜地径≤30	4.25		4.25	7		7
	30＜地径≤50				4		4
蚂蚁堆乡	地径≤20				181		181
	20＜地径≤30				149		149
	30＜地径≤50				123		123
	地径＞50				20		20
忙畔街道	地径≤20				74		74
	20＜地径≤30				56		56
	30＜地径≤50				34		34
	地径＞50				1		1
平村乡	地径≤20				31		31
	20＜地径≤30				26		26
	30＜地径≤50				36		36
	地径＞50				28		28
章驮乡	地径≤20				12		12
	20＜地径≤30				14		14
	30＜地径≤50				4		4
	地径＞50				1		1

四、年龄级状况

全区古茶树总株数 446533 株，其中：古茶树年龄小于 300 年的株数有 360831 株，占古茶树总株数的 80.81%；古茶树年龄大于等于 300 年小于 499 年的株数有 84262 株，占古茶树总株数的 18.87%；古茶树年龄大于等于 500 年的株数有 1440 株，占古茶树总株数的 0.32%。

临翔区各乡（镇）古茶树资源按年龄级见表 5-6，详见附表 6。

表 5-6　临翔区各乡（镇）古茶树资源按年龄级统计表　　　　单位：株

乡（镇）	年龄级	计	块状			单株		
			计	野生型	栽培型	计	野生型	栽培型
合计	计	446533	445390	232577	212813	1143		1143
	＜300	360831	359831	232577	127254	1000		1000
	300～499	84262	84151		84151	111		111
	≥500	1440	1408		1408	32		32
邦东乡	＜300	54542	54539		54539	3		3
	300～499	82996	82983		82983	13		13
	≥500	1432	1408		1408	24		24
博尚镇	＜300	1339	1339		1339	0		
凤翔街道	＜300	6600	6535		6535	65		65
	300～499	379	318		318	61		61
马台乡	＜300	46994	46962		46962	32		32
	300～499	9				9		9
南美乡	＜300	250331	250226	232577	17649	105		105
	300～499	863	850		850	13		13
	≥500	2				2		2
圈内乡	＜300	256	230		230	26		26
蚂蚁堆乡	＜300	463				463		463
	300～499	8				8		8
	≥500	2				2		2
忙畔街道	＜300	155				155		155
	300～499	6				6		6
	≥500	4				4		4
平村乡	＜300	120				120		120
	300～499	1				1		1
章驮乡	＜300	31				31		31

五、地类分布状况

全区块状分布面积 15980.75 亩，其中：分布地类为园地的面积 4271.06 亩，占总面积的 26.73%；分布地类为林地的面积 9337.73 亩，占总面积的 58.43%；分布地类为其他用地的面积 2371.96 亩，占总面积的 14.84%。全区单株分布株数 1143 株，其中：分布地类为耕地的株数 334 株，占总株数的 29.22%；分布地类为园地的株数 368 株，占总株数的 32.20%；分布地类为林地的株数 369 株，占总株数的 32.28%；分布地类为草地的株数 17 株，占总株数的 1.49%；分布地类为其他用地的株数 55 株，占总株数的 4.81%。临翔区各乡（镇）古茶树资源不同分布地类统计见表 5-7，详见附表 7。

表 5-7　临翔区各乡（镇）古茶树资源不同分布地类统计表统计　　单位：亩、株

乡（镇）	分布地类	块状			单株		
		计	野生型	栽培型	计	野生型	栽培型
合计	计	15980.75	9303.03	6677.72	1143		1143
	耕地				334		334
	园地	4271.06		4271.06	368		368
	林地	9337.73	9303.03	34.7	369		369
	草地				17		17
	其他用地	2371.96		2371.96	55		55
邦东乡	其他用地	584.4		584.4			
	园地	3738.23		3738.23	40		40
博尚镇	其他用地	41.85		41.85			
凤翔街道	草地				6		6
	耕地				20		20
	其他用地	228.41		228.41	7		7
	园地				93		93
马台乡	耕地				41		41
	其他用地	1509.96		1509.96	0		
南美乡	草地				9		9
	耕地				11		11
	林地	9337.73	9303.03	34.7			
	园地	532.83		532.83	100		100
圈内乡	其他用地	7.34		7.34			
	园地				26		26
蚂蚁堆乡	草地				2		2
	耕地				55		55
	林地				369		369
	园地				47		47
忙畔街道	耕地				72		72
	其他用地				48		48
	园地				45		45
平村乡	耕地				121		121

续表

乡（镇）	分布地类	块状			单株		
		计	野生型	栽培型	计	野生型	栽培型
章驮乡	耕地				14		14
	园地				17		17

六、群落结构与植被类型

临翔区古茶树群落面积共 15980.75 亩，445390 株。按群落结构分：单层林面积 6677.72 亩，212813 株，分别占古茶树群落面积、株数的 41.79% 和 47.78%；复层林面积 9303.03 亩，232577 株，分别占古茶树群落面积、株数的 58.21% 和 52.22%。

按植被类型分，均为自然植被型，面积 15980.75 亩，445390 株。自然植被中共涉及 2 个植被型，分别为常绿阔叶林和竹林。其中常绿阔叶林面积 15966.93 亩，444960 株，分别占自然植被面积、株数的 99.91% 和 99.90%；竹林面积 13.82 亩，430 株，分别占自然植被面积、株数的 0.09% 和 0.10%。临翔区古茶树资源群落结构与植被类型按面积株数统计情况见表 5-8。

表 5-8　临翔区古茶树资源群落结构与植被类型按面积株数统计表　统计单位：亩、株

属性	植被类型	合计		单层林		复层林	
		面积	株树	面积	株树	面积	株树
	小计	15980.75	445390	6677.72	212813	9303.03	232577
自然植被	常绿阔叶林	15966.93	444960	6663.9	212383	9303.03	232577
	竹林	13.82	430	13.82	430		

第三节　古茶树种质资源

一、野生型古茶树种质资源

临翔区野生型古茶树群落面积 9303.03 亩，茶种为大理茶。按野生茶树生长的生境（地类）分均为生长于有林地的野生茶（野生有林）。

临翔区现存野生古茶树群落主要分布在博尚镇永泉营盘山至南美草山，以及邦东大雪山。代表性群落为南美乡野生茶树群落，主要分布于坡脚村仙人箐、铁厂箐、南华山、茶山坡等地，生长在海拔 2310 ～ 2509 米的原始森林中，物种丰富度高，树种多为

阔叶常绿乔木和实心竹，土壤为亚高山草甸土，腐质层深厚，有机质含量高，通透性能好。野生古茶树种群密度高，最高的达到 500 株 / 亩。最粗的 1 号大茶树基围 230 厘米，树幅 15×13 米，高 20 米。代表植株有：多依村 1 号古茶树，野生古茶树，大理茶（C.taliensis）；多依村 2 号古茶树，野生古茶树，大理茶（C.taliensis）；多依村 3 号古茶树，野生古茶树，大理茶（C.taliensis）。

二、栽培型古茶树种质资源

临翔区栽培型古茶园面积 6677.72 亩，主要栽培种为大理茶，其次是普洱茶。按生长的生境（地类）分：生长于园地的栽培茶（栽培园地）面积 4271.06 亩，占 63.96%；生长于疏林地的栽培茶树（栽培疏林）面积 34.7 亩，占 0.52%；生长于其他地类的栽培茶树（栽培其他）面积 2371.96 亩，占 35.52%。

临翔区栽培古茶园主要品种为勐库大叶茶、凤庆长叶茶和邦东黑大叶茶。清雍正年间开始，从外地引入茶种在邦东、马台种植，形成邦东黑大叶茶。宣统元年（1909 年），缅宁（今临翔）通判房景东从勐库购入茶子，分发各乡种植，栽活 10 万余株，后又引入凤庆长叶茶在蚂蚁堆、章驮、忙畔等地种植。民国年间，实业局长邱裕文督促种茶，遍及全区 6 ～ 7 千户，年产 8 千至 1 万驮，由康藏收购运销外地。邦东乡是临翔区栽培古茶树最多的乡镇。近年来邦东古树茶的卓越品质广泛得到市场认同，特别是昔归古树茶已成为不可多得的珍品，应有的经济文化价值逐步得到体现。代表植株有：李家村 1、2、3、4 号古茶树，栽培古茶树，普洱茶种（C. sinensis var assamica），邦东黑大叶茶；昔归村 1、2 号古茶树，栽培古茶树，普洱茶种（C.sinensis var assamica），邦东黑大叶茶；坡脚村 1、2 号古茶树，栽培古茶树，普洱茶种（C.sinensis var assamica），勐库大叶茶。

第四节　古茶名山状况

一、临翔邦东乡古茶园

邦东乡位于临翔区东部，距区政府 64 公里，东与普洱市镇源、景东两县隔江相望，北与云县大朝山西镇接壤，西与马台乡、忙畔街道毗邻。海拔在 750 ～ 3429.6 米之间，立体气候十分显著。境内邦东大雪山自然保护区，有"滇西南绿珠"之美誉。居住着彝、傣、拉祜、白、佤、布朗、回、藏等少数民族。有远古时代的新石器、近代的古镇、古驿道、渡口、造纸古作坊等遗址。邦东乡野生和栽培古茶树资源十分丰富，野生茶树群落分布在邦东大雪山自然保护区。栽培古茶树全乡均有分布，邦东黑大叶茶为云南省省级良种，主要性状为种籽圆形或扁圆形，棕褐色。乔木型，主干明显，树势高大，树姿半开展，分枝密。邦东古茶园主要分布在大朝山西镇临沧大雪山南侧的半山腰上，树龄高达250年，树干基围在80～120厘米以上的较为罕见，有野生、驯化、引进品种三大类。驯化品种以邦东茶种为地方良种，俗称大叶茶或长叶茶。邦东茶茶气强劲、口感饱满纯正，以回甘好而闻名。

邦东茶中最有名的茶是昔归茶。昔归古茶园位于临翔区邦东乡邦东村委会昔归村民小组。从临翔城区往东，沿通往五老山景区及马台、邦东两乡的通乡公路东行64公里，即到邦东乡，临沧大雪山主峰及大部分山域，都在邦东乡境内。盛产昔归茶的昔归村民小组（还包括与其紧密相邻的荒田村民小组），距乡政府16公里、村委会12公里，平均海拔750米。村民居住的房屋，距澜沧江仅一两百米。昔归古茶园是云南罕见的海拔在1000米以下、距澜沧江最近的古茶园。

昔归古茶园主要分布在今昔归村的忙麓山上，因背靠临沧大雪山向东南伸向澜沧江的昔归山而得名。忙麓山从北向南分出四个小山梁，它们依次为：大茶园、木厂梁子、大碑茶园、杨如箐。大茶园距昔归村最远，而且隔了一条"江边小河"与忙麓山的另外三条山梁分开。今人有时会强调自己的昔归茶是"忙麓山"茶，是为了强调自己的茶叶原料很正宗。因为昔归茶也属于邦东大叶种，叶片多偏瘦长，茶汤比邦东茶更霸气、回甘度、生津度比邦东茶更好，香气内敛，有冰糖甜，被誉为"临沧的老班章"，但它与勐海的老班章还是有区别：老班章茶特别刚烈，昔归茶稍显幽雅。

二、临翔南美乡古茶园

南美拉祜族乡位于临沧市临翔区西南部，东与博尚镇相连，北与章驮接壤，西与耿马县毗连，南与双江县相连，距临沧城区48公里。居住着拉、佤、布朗、傣族、彝族、回族和汉族等7种民族，是一个典型的高寒山区少数民族乡。境内最高海拔2835米，最低海拔1500米，垂直高差1335米，常年平均温度14.1℃，年平均降雨量2200毫米，最冷月为8～10℃，年日照时数为2117小时，雨量充沛，土壤系千枚岩及部分沙质岩发育而成的红壤。南美乡栽培古茶树主要分布于坡脚村，品种为勐库大叶茶。野生古茶树群落分布于坡脚村仙人山、铁厂箐和南华山等原始森林中。

第一节 双江概况

一、地理位置与行政区划

双江自治县位于云南省西南部，县城勐勐镇距临沧市政府所在地临翔区凤翔街道办事处 89 公里，距省会昆明市 560 公里，是临沧市通往西双版纳市和沧源县的主要通道。地理位置东经 99°35′15″～100°09′33″，北纬 23°11′58″～23°48′50″。北回归线横穿县境中部，总面积 2157.1 平方公里，东西横跨 58 公里，南北纵长 64 公里。县境东部与景谷县隔江相望，南和澜沧县、沧源县两县毗邻，西同耿马县相依，北与临翔区接壤。澜沧江、小黑江为双江自治县与景谷县、澜沧县、沧源县三县接壤之界河。

双江自治县下辖 6 个乡（镇），分别为勐勐镇、勐库镇、沙河乡、邦丙乡、忙糯乡、大文乡，全县共 70 个村民委员会、5 个社区、1 个管委会。勐勐镇为县委、县人民政府驻地，是全县的政治、经济和文化中心。

二、地形地势

双江自治县地处云贵高原怒山横断山脉南部帚形折度部位。平面地貌似桑叶，地形起伏大，高山深谷，河溪纵横，地势西北高、东南低。与双江自治县交界的大雪山，是西北边的最高点，海拔 3233 米，最低处是东南双江渡口，海拔 670 米，相对高差为 2563 米。东有澜沧江，南有小黑江，中有由北而南的南勐河。全县地貌为深切中山河谷台地、河谷盆地和"V"型中山窄谷 3 种。由于地壳的长期风化、浸蚀、冲积，全境形成两江环并壁、两山夹一溪、一河带两坝的地形地貌。

三、水文

双江自治县水资源丰富，境内河流众多，属澜沧江水系，长度在 1 公里以上的溪河 106 条，水能资源储藏量 38.2 万千瓦。直接汇入澜沧江的有滚干河、千信河等 21 条，汇入小黑江的有南勐河、帮丙河等 85 条。

四、气候

北回归线横穿县境中部，双江自治县在水平气候带上属低纬度南亚热带山地季风气候。因受印度洋暖湿气流和西南季风影响及海拔高差悬殊，形成低热河谷的北热带、南亚热带；中山地区的中、北亚热带；中山、亚高山地区的南温带等立体气候。历年平均日照时数为 2223.3 小时，全年 ≥ 10℃的积温 7126.3℃，年平均气温 19.5℃，最高气温 38.1℃，最低气温 -2.1℃。年平均降雨量 1015.2 毫米，年平均蒸发量 2308.1 毫米，年平均相对湿度 76%。主要气候特点是：干湿季分明，立体气候明显，冬无严寒，夏无酷暑，冬春干旱半干旱。

五、土壤

据土壤普查资料记载，全县分布的土壤分地带性土壤和非地带性土壤。地带性土壤有砖红壤、赤红壤、红壤、黄壤、黄棕壤、棕壤、亚高山灌丛草甸土等 7 个土类。砖红壤：热带雨林或季雨林中的土壤在热带季风气候下，发生强度富铝化作用和生物富集作用而发育成的深厚红色土壤，以土壤颜色类似烧的红砖而得名。赤红壤：包括赤红壤和粗骨性赤红壤 2 个亚类，主要分布在海拔 800 ~ 1300 米的勐勐坝子、勐库坝子、贺六坝子和三个坝子周围边缘部分的浅山丘陵地区，以及江边低热河谷地带。红壤：是中山山原河谷区和中山宽谷区分布面积最广的一个土类，包括红壤、黄红壤、粗骨性红壤 3 个亚类，分布海拔 1300 ~ 2100 米（局部半湿润阔叶林类型中，该土壤可分布至 2500 米，如黄红壤亚类）。主要植被类型有：季风常绿阔叶林、半湿润常绿阔叶林、落叶阔叶林、暖性针叶林、暖热性针叶林、暖温性针叶林、暖热性稀树灌木草丛、暖温性稀树灌木草丛、人工植被等。黄壤：分布面积小，根据成土母质属性分为黄壤（山地黄壤）1 个亚类。主要分布在海拔 2100 ~ 2500 米的勐库、沙河两个乡镇的暖温至温凉山区，是双江自治县的老茶叶生产区。以花岗岩黄壤土属为主，其次是千枚岩黄壤和砂岩黄壤。主要植被类型有：半湿润常绿阔叶林、落叶阔叶林、暖温性针叶林、暖温性灌木草丛等。黄棕壤：主要分布在海拔 2500 ~ 2800 米的勐库大雪山、忙糯大亮山、勐勐大丙山等山体中上部高海拔的温凉至冷凉山区，仅有黄棕壤（山地黄棕壤）1 个亚类。主要植被类型有：中山湿性常绿阔叶林、落叶阔叶林、暖温性针叶林、温凉性针叶林、暖温性（温凉性）灌木草丛等。棕壤：主要分布在海拔 2800 ~ 3100 米的勐库大雪山中部至上部的冷凉（局部温凉）山区，仅有棕壤（山地棕壤）1 个亚类。主要植被类型有：山顶苔藓矮林、中山湿性常绿阔叶林、落叶阔叶林、温凉性（局部暖温性）针叶林、温凉性（暖温性）灌木草丛等。亚高山灌丛草甸土：实为亚高山针叶林带垂直范围内，森林—灌丛演替系列中的产物。因为森林遭破坏，便次生灌丛草甸植被。加之放牧等干扰，使原有环境改变，森林难以复原，而出现适应新环境并具相对稳定的灌丛草甸植被。

非地带性土壤有紫色土、冲积土、水稻土三个土类。

六、森林植被

双江县森林植被分布的垂直带性显著，随着山地海拔的升高，气候、土壤发生改变，导致森林植被明显不同。海拔 800 米以下为季雨林、落叶季雨林、暖热性针叶林、热性竹林、热性灌丛、热性稀树灌木草丛、人工植被（经济林）。海拔 800 ~ 1200 米为山地雨林、季风常绿阔叶林、落叶阔叶林、落叶季雨林、暖热性针叶林、暖温性针叶林、暖热性竹林、热性（暖热性、干热性）稀树灌木草丛、人工植被（经济林）。海拔1300～2100米为季风常绿阔叶林、落叶阔叶林、暖热性针叶林、暖温性针叶林、半湿润常绿阔叶林、竹林、暖热性稀树灌木草丛、暖性石灰岩灌丛、人工植被（经济林等）、温性稀树灌木草丛、热性（暖热性、干热性）稀树灌木草丛。海拔2100～2500米为季风常绿阔叶林、落叶阔叶林、暖温性针叶林、暖热性针叶林、半湿润常绿阔叶林、竹林、暖热性稀树灌木草丛、暖温性稀树灌木草丛、人工植被（经济林等）、温性竹林、暖性石灰岩灌丛、暖温性灌草丛。海拔2500～2800米为中山湿性常绿阔叶林、暖温性针叶林、落叶阔叶林、寒温性竹林、暖温性稀树灌木草丛、寒温性灌丛、人工植被（经济林等）。海拔2800～3100米为中山湿性常绿阔叶林、温凉性针叶林、山顶苔藓矮林、落叶阔叶林、寒温性竹林、寒温性稀树灌木草丛、寒温性灌丛等。海拔3100～3233米为山顶苔藓矮林、温凉性竹林、寒温性竹林、寒温性稀树灌木草丛、寒温性灌丛。

第二节　古茶树资源

一、古茶树资源总量

双江县6个乡（镇）均有古茶树分布。其中：块状分布面积169008.88亩，在块状分布面积中野生型137326.78亩，占块状分布面积的81.25%，栽培型31682.10亩，占块状分布面积的18.75%；单株分布的株数437株，野生型60株，占单株分布株数的13.73%，栽培型377株，占单株分布株数的86.27%。双江县各乡（镇）古茶树资源面积及数量见表6-1，详见附表1。

表6-1　双江县各乡（镇）古茶树资源面积及数量统计表　单位：亩、株

乡（镇）	块状			单株		
	计	野生型	栽培型	计	野生型	栽培型
合计	169008.88	137326.78	31682.1	437	60	377
邦丙乡	2866.58	2726.55	140.03			50
大文乡	24982.64	24963.52	19.12		5	
忙糯乡	2752.1	2661.64	90.46		24	
勐库镇	57696.26	44460.01	13236.25			10
勐勐镇	42043.97	40213.92	1830.05		31	3
沙河乡	38667.33	22301.14	16366.19			314

二、权属状况

（一）土地所有权

在全县块状分布面积169008.88亩，单株分布株数437株。古茶树资源中，土地所有权为国有的块状分布面积为137327.48亩，单株分布的株数为70株，分别占块状分布面积、单株分布株数的81.25%和16.02%；土地所有权为集体的块状分布面积为31681.4亩，单株分布的株数为367株，分别占块状分布面积、单株分布株数的18.75%和83.98%。双江县各乡（镇）古茶树资源按土地所有权统计见表6-2，详见附表1。

表6-2　双江县各乡（镇）古茶树资源按土地所有权统计表　单位：亩、株

乡（镇）	土地所有权	块状			单株		
		计	野生型	栽培型	计	野生型	栽培型
合计	计	169008.88	137326.78	31682.1	437	60	377
	国有	137327.48	137326.78	0.7	70	60	10
	集体	31681.4		31681.4	367		367
邦丙乡	国有	2726.55	2726.55				
	集体	140.03		140.03			50
大文乡	国有	24963.52	24963.52		5		
	集体	19.12		19.12			
忙糯乡	国有	2661.64	2661.64		24		
	集体	90.46		90.46			
勐库镇	国有	44460.71	44460.01	0.7			10
	集体	13235.55		13235.55			
勐勐镇	国有	40213.92	40213.92		31		
	集体	1830.05		1830.05			3
沙河乡	国有	22301.14	22301.14				
	集体	16366.19		16366.19			314

（二）古茶树所有权

在全县块状分布面积169008.88亩，单株分布株数437株。古茶树资源中，古茶树所有权为国有的块状分布面积为137327.48亩，单株分布的株数为70株，分别占块状分布面积、单株分布株数的81.25%和16.02%；古茶树所有权为集体的块状分布面积为27958.18亩，单株分布的株数为7株，分别占块状分布面积、单株分布株数的16.54%和1.60%；古茶树所有权为个人的块状分布面积为3723.22亩，单株分布的株数为360株，分别占块状分布面积、单株分布株数的2.20%和82.38%。双江县各乡（镇）古茶树资源按古茶树所有权统计见表6-3，详见附表2。

表6-3　双江县各乡（镇）古茶树资源按古茶树所有权统计表　　单位：亩、株

乡（镇）	古茶树所有权	块状			单株		
		计	野生型	栽培型	计	野生型	栽培型
合计	计	169008.88	137326.78	31682.1	437	60	377
	国有	137327.48	137326.78	0.7	70	60	10
	集体	27958.18		27958.18	7		7
	个人	3723.22		3723.22	360		360
邦丙乡	国有	2726.55	2726.55				
	集体	114.38		114.38			
	个人	25.65		25.65	50		50
大文乡	国有	24963.52	24963.52		5	5	
	个人	19.12		19.12			
忙糯乡	国有	2661.64	2661.64		24	24	
	个人	90.46		90.46			
勐库镇	国有	44460.71	44460.01	0.7	10		10
	集体	9763.57		9763.57			
	个人	3471.98		3471.98			
勐勐镇	国有	40213.92	40213.92		31	31	
	集体	1714.04		1714.04			
	个人	116.01		116.01	3		3
沙河乡	国有	22301.14	22301.14				
	集体	16366.19		16366.19	7		7
	个人				307		307

（三）古茶树使用权

在全县块状分布面积169008.88亩，单株分布株数437株。古茶树资源中，古茶树使用权为国有的块状分布面积为137327.48亩，单株分布的株数为70株，分别占块状分布面积、单株分布株数的81.25%和16.02%；古茶树使用权为集体的块状分布面积为27958.18亩，单株分布的株数为7株，分别占块状分布面积、单株分布株数的16.54%和1.60%；古茶树使用权为个人的块状分布面积为3723.22亩，单株分布的株数为360株，分别占块状分布面积、单株分布株数的2.20%和82.38%。双江县各乡（镇）古茶树资源按古茶树使用权统计见表6-4，详见附表3。

表6-4　双江县各乡（镇）古茶树资源按古茶树使用权统计表　　单位：亩、株

乡（镇）	古茶树使用权	块状			单株		
		计	野生型	栽培型	计	野生型	栽培型
合计	计	169008.88	137326.78	31682.10	437	60	377
	国有	137327.48	137326.78	0.70	70	60	10
	集体	27958.18		27958.18	7		7
	个人	3723.22		3723.22	360		360
邦丙乡	国有	2726.55	2726.55				
	集体	114.38		114.38			
	个人	25.65		25.65	50		50
大文乡	国有	24963.52	24963.52		5	5	
	个人	19.12		19.12			
忙糯乡	国有	2661.64	2661.64		24	24	
	个人	90.46		90.46			
勐库镇	国有	44460.71	44460.01	0.70	10		10
	集体	9763.57		9763.57			
	个人	3471.98		3471.98			
勐勐镇	国有	40213.92	40213.92		31	31	
	集体	1714.04		1714.04			
	个人	116.01		116.01	3		3
沙河乡	国有	22301.14	22301.14				
	集体	16366.19		16366.19	7		7
	个人				307		307

三、地径状况

全县块状分布面积169008.88亩，其中：古茶树地径小于等于20cm的面积有167625.06亩，占块状分布面积的99.18%；地径大于20cm小于等于30cm的面积有1326.09亩，占块状分布面积的0.78%；地径大于30cm小于等于50cm的面积有57.73亩，占块状分布面积的0.03%。全县单株分布株数437株，其中：古茶树地径小于等于20cm的株数有282株，占单株分布株数的64.53%；地径大于20cm小于等于30cm的株数有133株，占单株分布株数的30.43%；地径大于30cm小于等于50cm的株数有20株，占单株分布株数的4.58%；地径大于50cm的株数有2株，占单株分布株数的0.46%。双江县各乡（镇）古茶树资源按地径统计见表6-5，详见附表5。

表 6-5 双江县各乡（镇）古茶树资源按地径统计表　单位：亩、株、cm

乡（镇）	地径级	块状			单株		
		计	野生型	栽培型	计	野生型	栽培型
合计	计	169008.88	137326.78	31682.1	437	60	377
	地径≤20	167625.06	137326.78	30298.28	282	42	240
	20＜地径≤30	1326.09		1326.09	133	8	125
	30＜地径≤50	57.73		57.73	20	8	12
	地径＞50				2	2	
邦丙乡	地径≤20	2866.58	2726.55	140.03	33		33
	20＜地径≤30				15		15
	30＜地径≤50				2		2
大文乡	地径≤20	24982.64	24963.52	19.12	4	4	
	20＜地径≤30				1	1	
忙糯乡	地径≤20	2745.57	2661.64	83.93	20	20	
	20＜地径≤30	6.53		6.53	2	2	
	30＜地径≤50				2	2	
勐库镇	地径≤20	56399.55	44460.01	11939.54			
	20＜地径≤30	1238.98		1238.98	8		8
	30＜地径≤50	57.73		57.73	2		2
勐勐镇	地径≤20	41963.39	40213.92	1749.47	18	18	
	20＜地径≤30	80.58		80.58	6	5	1
	30＜地径≤50				8	6	2
	地径＞50				2	2	
沙河乡	地径≤20	38667.33	22301.14	16366.19	207		207
	20＜地径≤30				101		101
	30＜地径≤50				6		6

四、年龄级状况

全县古茶树总株数 5405559 株，其中：古茶树年龄小于 300 年的株数有 5403948 株，占古茶树总株数的 99.97%；古茶树年龄大于等于 300 年小于 499 年的株数有 1611 株，占古茶树总株数的 0.03%。双江县各乡（镇）古茶树资源按年龄级见表 6-6，详见附表 6。

表 6-6　双江县各乡（镇）古茶树资源按年龄级统计表　　　　单位：株

乡（镇）	年龄级	计	块状			单株		
			计	野生型	栽培型	计	野生型	栽培型
合计	计	5405559	5405122	4394168	1010954	437	60	377
	＜300	5403948	5403579	4392643	1010936	369		369
	300～499	1611	1543	1525	18	68	60	8
邦丙乡	＜300	91791	91741	87250	4491	50		50
大文乡	＜300	799638	799633	798833	800	5	5	
忙糯乡	＜300	84549	84549	83914	635			
	300～499	1168	1144	1144		24	24	
勐库镇	＜300	1840397	1840395	1422720	417675	2		2
	300～499	26	18		18	8		8
勐勐镇	＜300	1349910	1349907	1286289	63618	3		3
	300～499	412	381	381		31	31	
沙河乡	＜300	1237668	1237354	713637	523717	314		314

五、地类分布状况

全县块状分布面积 169008.88 亩，其中：分布地类为园地的面积 168935.91 亩，占总面积的 99.96%，分布地类为林地的面积 72.97 亩，占总面积的 0.04%；全县单株分布株数 437 株，其中：分布地类为耕地的株数 26 株，占总株数的 5.95%，分布地类为园地的株数 325 株，占总株数的 74.37%，分布地类为林地的株数 58 株，占总株数的 13.27%，分布地类为草地的株数 1 株，占总株数的 0.23%，分布地类为其他用地的株数 27 株，占总株数的 6.18%。双江县各乡（镇）古茶树资源不同分布地类统计见表 6-7，详见附表 7。

表 6-7　双江县各乡（镇）古茶树资源不同分布地类统计表统计　　　　单位：亩、株

乡（镇）	分布地类	块状			单株		
		计	野生型	栽培型	计	野生型	栽培型
合计	计	169008.88	137326.78	31682.1	437	60	377
	耕地				26		26
	园地	168935.91	137270.1	31665.81	325	3	322
	林地	72.97	56.68	16.29	58	57	1
	草地				1		1
	其他用地				27		27

续表

乡（镇）	分布地类	块状			单株		
		计	野生型	栽培型	计	野生型	栽培型
邦丙乡	草地				1		1
	耕地				3		3
	其他用地				4		4
	园地	2866.58	2726.55	140.03	42		42
大文乡	林地				5	5	
	园地	24982.64	24963.52	19.12			
忙糯乡	林地	39.31	39.31		23	23	
	园地	2712.79	2622.33	90.46	1	1	
勐库镇	林地	16.29	0	16.29	0		
	其他用地				10		10
	园地	57679.97	44460.01	13219.96	0		
勐勐镇	耕地				3		3
	林地	17.37	17.37		29	29	
	园地	42026.6	40196.55	1830.05	2	2	
沙河乡	耕地				20		20
	林地				1		1
	其他用地				13		13
	园地	38667.33	22301.14	16366.19	280		280

六、群落结构与植被类型

双江县古茶树群落面积共 169008.88 亩，5405122 株。按群落结构分：单层林面积 3769.17 亩，117577 株，分别占古茶树群落面积、株数的 2.23% 和 2.18%；复层林面积 165239.71 亩，5287545 株，分别占古茶树群落面积、株数的 97.77% 和 97.82%。

按植被类型分：自然植被型面积 141050.7 亩，4510460 株，分别占古茶群落面积、株数的 83.46% 和 83.45%；人工植被面积 27958.18 亩，894662 株，分别占古茶群落面积、株数的 16.54% 和 16.55%。自然植被中共涉及 3 个植被型，分别为常绿阔叶林、灌丛、暖性针叶林。其中常绿阔叶林面积 137512.08 亩，4403111 株，分别占自然植被面积、株数的 97.49% 和 97.62%；灌丛面积 3516.75 亩，106870 株，分别占自然植被面积、株数的 2.49% 和 2.37%；暖性针叶林面积 21.87 亩，479 株，分别占自然植被面积、株数的 0.02% 和 0.01%。双江县古茶树资源群落结构与植被类型按面积株数统计情况见表 6-8。

表 6-8　双江县古茶树资源群落结构与植被类型按面积株数统计表　统计单位：亩、株

属性	植被类型	合计		单层林		复层林	
		面积	株树	面积	株树	面积	株树
小计		169008.88	5405122	3769.17	117577	165239.71	5287545
自然植被	常绿阔叶林	137512.08	4403111	241.98	10468	137270.1	4392643
	灌丛	3516.75	106870	3516.75	106870		
	暖性针叶林	21.87	479	10.44	239	11.43	240
人工植被		27958.18	894662			27958.18	894662

第三节　古茶树种质资源

一、野生型古茶树种质资源

双江县野生型古茶树群落面积 137326.78 亩，茶种为大理茶。按野生茶树生长的生境（地类）分均为生长于有林地的野生茶（野生有林）。

野生古茶树资源十分丰富，主要分布在勐库邦骂大雪山自然保护区和忙糯、大文、邦丙乡的原始森林和次生林中，均为大理茶（C.taliensis）。勐库大雪山野生古茶树群落1997 年被当地村民发现，2002 年 12 月 5 ～ 8 日，由中国农业科学院茶叶研究所、中国科学院昆明植物研究所、云南省农业科学院茶叶研究所、云南农业大学、昆明理工大学、云南茶业协会、云南省临沧地区茶业协会等单位专家组成的野生古茶树考察组对该群落进行了现场考查鉴定，该群落是世界上已发现的海拔最高、面积最广、密度最大、原始植被保存最完整的野生茶树群落。勐库野生古茶树群落有四个显著特点：一是分布海拔高。1 号古茶树生长在海拔 2750 米处，树高 15.0 米，树幅 13.7×10.6 米，基干径 1.035米，树姿开张，成为现今已发现的茶树生长的最高海拔；二是群落分布面积大，是已发现的面积最大的野生茶树群落，面积达 12705 亩；三是茶树种群数量大、密度高，为群落中的优势种群；四是该茶树群落中的野生茶树为可以饮用的大理茶。

代表性植株有：勐库大雪山 1 号古茶树，野生古茶树，大理茶（C.taliensis）；勐库大雪山 +1 号古茶树，野生古茶树，大理茶（C.taliensis）；勐库大雪山 2 号古茶树，野生古茶树，大理茶（C.taliensis）。

二、栽培型古茶树种质资源

双江县栽培型古茶园面积 31682.10 亩，主要栽培种为普洱茶，其次是大理茶。按生

长的生境（地类）分均为生长于园地的栽培茶（栽培园地）。

双江种茶历史悠久，早在元朝末年（1358年）傣族进入双江定居之前，百濮后裔布朗族、德昂族、佤族及拉祜族已经在双江大量种植茶叶。明成化二十一年（1485年），双江勐勐土司派人选种200余粒，在冰岛种植成活150余株，冰岛由此成为勐库大叶茶发源地，勐库大叶茶从冰岛出发，直接或间接传播到全省、全国及全世界大叶种茶种植区。勐库大叶茶两次被全国茶树良种委员会认定为优良群体品种，被赞誉为"云南大叶茶正宗""云南大叶品种英豪"。是古茶树保存量最多的区域，是名副其实的中国古茶之乡。主要分布于勐库、沙河、大文和忙糯等4个乡镇73个村民小组。栽培古茶树基本上都是勐库大叶茶，鲜有其他茶种和品种。

代表性植株有：冰岛村1、2、3、4号古茶树，栽培古茶树，普洱茶（C.sinensis var assamica），勐库大叶茶；坝糯村1、2、3号古茶树，栽培古茶树，普洱茶（C.sinensis var assamica），勐库大叶茶；那赛村1号古茶树，栽培古茶树，普洱茶（C.sinensis var assamica），勐库大叶茶；小户赛村1、2、3号古茶树，栽培古茶树，普洱茶（C.sinensis var assamica），勐库大叶茶；邦木村1、2号古茶树，栽培古茶树，普洱茶（C.sinensis var assamica），勐库大叶茶。

第四节 古茶名山状况

一、双江勐库镇古茶园

勐库镇是勐库大叶茶的故乡。位于双江自治县北部，地处东经99°46′21″～99°58′27″，北纬23°33′～23°49′之间。是双江县拉祜族、佤族、布朗族、傣族自治县第二大镇，第二大政治、经济、文化、教育和商业贸易中心。东与临沧市临翔区圈内乡、博尚镇、勐驮乡一镇两乡毗邻，南与双江县勐勐镇、沙河乡接壤，西与耿马大兴乡交界。境内山多坝少，山区面积占99.55%，坝区面积仅占0.45%，地势呈西北高、东南低，境内河谷交错、山峦起伏，河沟纵横。境内聚居着拉祜族、佤族、布朗族、傣族、白族等12个少数民族。勐库属亚热带山地季风气候，干湿季分明，昼夜温差大，立体气候突出，年日照2400小时左右，年平均气温18℃，境内降水丰富，坝区年平均降水量1065毫米。勐库人民有悠久的种茶历史，创造了独特灿烂的茶文化。由于勐库有适宜茶叶生长的气候和土壤条件，所以勐库辖区内实生了优良的勐库大叶茶树群体品种。在西半山和东半山各村均有分布。

勐库西半山山头茶沿勐库邦改—丙山—公弄—大户赛—懂过—坝卡—冰岛（西半山

的冰岛、地界、南迫 3 个村民小组）一线，由南向北延伸，形成一条著名的古茶园分布带，其分布特点是山水相连，茶园相接，有的古茶树散布于山腰山顶的原始森林中，有的古茶树集中成片分布。其中，公弄村委会小户赛的数百亩古茶园，是西半山最大的古茶园，也是古茶树最多的古茶园。在这一线古茶园中，比较有代表性的古树茶有：小户赛、大户赛、懂过、坝卡等地的茶，最有特色的茶是"冰岛茶"。冰岛位于北纬 23°47′，东经 99°54′，海拔 1670 米，冰岛村委会距勐库镇约 40 公里。从 22 公里处的"天成桥"开始，就进入冰岛地界。冰岛村委会包括西半山的地界、南迫、冰岛和东半山的坝歪、糯伍 5 个村民小组。"冰岛茶"，要从以下三个层面进行品鉴：纯正的"冰岛茶"→冰岛村 5 个村民小组的茶→"冰岛味道"的茶。

勐库东半山山头茶沿勐库亥公—邦读—那赛—那蕉—坝糯，直至冰岛村东部的糯伍、坝歪一线，形成近南北走向古茶园带。东半山古茶树既有成片分布，也有零星分布，古茶园比较成片的有：那赛、那蕉、坝糯古茶园。其中坝糯是东半山最大的古茶园。糯伍、坝歪是冰岛村委会位于东半山的两个村民小组（位于西半山的村民小组有：冰岛、地界、南迫）。正宗的"冰岛茶"特指冰岛村委会冰岛村民小组（当地人叫"冰岛老寨"）的古树茶。糯伍由于植被条件好，光照不及冰岛老寨。糯伍茶叶呈墨绿色，叶色将芽头衬托得比较亮。虽香气、茶气不及冰岛，但香型特别，蜜香中略带糯香。最接近冰岛的茶是坝歪茶，如同新班章老寨茶与老班章茶一样，一般人很难区别。不过，冰岛茶由于整体上属于"当阳茶"（面向太阳升起的东南方的茶），坝歪茶整体上属于"背阳茶"（面向太阳落山方向的茶），所以二者茶汤有细微区别，坝歪茶唇齿留香稍弱于冰岛茶。

二、双江沙河乡古茶园

沙河乡地处双江拉祜族佤族布朗族傣族自治县西南部，东与勐勐镇相邻，南与沧源县团结乡隔江相望，西与耿马县四排山乡、勐撒镇毗邻，北与勐库镇接壤，乡域内居住着以拉、佤、布、傣、汉等为主的个 14 个民族。全乡地势西北高，东南低，最高海拔为邦木后山 2753 米，最低海拔小黑江河谷 900 米，相对高差 1853 米，立体气候明显。全年平均气温 19.5℃，年平均降雨量 1010.9 毫米，年无霜期 352 天，年日照时数 2223.3 小时，形成了坝区炎热，半山区温和，高山寒冷的立体气候。沙河乡古茶园主要分布于平掌村、营盘村、邦协、邦木等村寨，古茶树大多数被砍伐后重新萌发，如邦木古茶树、邦协古茶树等。

三、双江马鞍山古茶园

主要包括马鞍山南部的邦丙乡、东部和东南部的大文乡、东北部的忙糯乡以及北部的勐勐镇（合称"三乡一镇"古茶园）。"三乡一镇"中，邦丙乡和忙糯乡古茶园更有特色。

邦丙古茶园主要集中在马鞍山正南坡的大平掌、岔箐、小南植及其南边的邦丙街几个点上，栽培型古茶树最大的在大平掌村，该村的茶王树树围 1.6 米，高近 20 米。岔箐是邦丙乡第一大茶村。所以邦丙茶具有以下特征：一是芽头大而漂亮，但茸毛不多，干毛茶多呈墨绿色，汤色不显金黄；二是香型虽与双江县各地的勐库大叶种一样，呈蜜香型，但香气下沉不上扬，香气不够高，苦涩更显；三是叶片比其他勐库大叶种相对小一点，薄一些。

忙糯古茶园在荒田、忙糯、康太、滚冈等村成小片或零星分布状态。其中忙糯村基围在一米左右的古茶树有上千棵，古树茶年产量4～5吨（抽样树基围1.13米，从根部分出三枝，围粗分别为：0.43米、0.38米、0.4米）。忙糯古茶园地处澜沧江西岸迎风面，受澜沧江支流忙糯河、忙炭河影响较大，茶的香气不错，涩比邦丙茶轻，但芽头不如邦丙茶大，叶片偏薄、偏黄，苦底偏重。

第七章

永德篇

第一节 永德概况

一、地理位置与行政区划

永德县位于云南省西南部,临沧市西北部,地处东经99°05′～99°50′,北纬23°45′～24°27′之间,东与云县接壤,南与耿马傣族佤族自治县相连,西与镇康县毗邻,北与保山市昌宁县、施甸县、龙陵县三县隔河相望。东西最大横距71.5千米,南北最大纵距75.8千米。

永德县国土总面积321968公顷,辖德党镇、小勐统镇、永康镇、勐板乡、亚练乡、乌木龙彝族乡(简称乌木龙乡)、大雪山彝族拉祜族傣族乡(简称大雪山乡)、班卡乡、崇岗乡、大山乡共3镇7乡,118个村(居)民委员会,1087个自然村1633个村民小组。

二、地质地貌

永德县地属怒江东岸横断山末梢的老别山区。地势东南高,西北低,形如桑叶。境内山峦起伏、山高谷深、地形复杂。主要山脉有老别山、大雪山、棠梨山、三宝山。最高海拔大雪山主峰仙宿平掌3504.2米,是中国大陆北纬24°线以南及临沧市的最高峰;最低海拔南榨河与南汀河交汇处540米,相对高差2964.2米。

境内地质属滇西纵向构造带保山——孟连沉降带。其主要特点:西北断裂突出,由西边怒江——勐波罗河断裂,中部湾甸——户等断裂,东边南汀河断裂等三大断裂为控制;东西褶皱明显,自西向东,背斜成山,向斜成谷,呈并列波浪起伏势,主要由三宝山、棠梨山、老别山等三大褶皱构成;坳陷冲积相兼;古生、中生、新生三代地层交错;在地质构造上有经向构造体系和纬向构造体系两大体系,经向构造体系主要是永康至勐定断裂带和永康至弯甸断裂带,纬向构造体系主要分布于大雪山至永德县营盘之间。

在地貌类型上有:中切割中山陡坡地貌类型,分布在亚练乡、乌木龙乡、大雪山乡、崇岗乡;中切割中山缓坡地貌类型,分布于勐少坝、忙况底卡、列列箐、卡房、怕掌一带;低切割低中山残丘地貌类型,分布在小勐统镇的麻栎树、清塘、大路街一带;山间盆地地貌类型,分布于永康盆地;溶丘洼地地貌类型,分布于明朗、勐汞、班卡等地;峰丛洼地地貌类型,分布在玉明珠、龙竹棚、文曲、勐板等地;岩溶低中山沟谷地貌类型,分布在勐波罗、弯甸、小田坝、德党二级站、大山一带;属岩溶断块山地地貌类型的,由二迭系、碳系地层组成,多断崖山峭壁,分布于帮卖至永德后寨一带。

三、河流水系

永德县处于云贵高原滇西南横断山脉南段纵谷区。境内在 5 千米以上流程的河流有 84 条，主要河流有怒江、南汀河、勐波罗河及大勐统河、永康河、赛米河、秧琅河及麦坝河。除秧琅河归澜沧江水系外，其他河流均属怒江水系。境内属怒江流域的流域面积 3040.6 平方千米，属澜沧江流域的流域面积 159.4 平方千米。永德县水资源丰富，河道总长 800 千米，径流量约 18 亿立方米，水能蕴藏量 58 万千瓦。

四、气候

永德县属低纬高海拔的南亚热带河谷季风气候，气候总体上受印度洋的暖湿气流和青藏高原的冷气流双重控制，具有气候温和、日照充足、雨量充沛、冬无严寒、夏无酷暑、四季如春、干湿季分明的立体气候特征。

县城德党镇海拔 1606 米，年平均气温为 17.4℃，最热月（7 月）平均气温 20.7℃，极端最高气温 32.1℃，最冷月（1 月）平均气温 11.9℃，极端最低气温 2.1℃。年平均日照 2196.1 小时，日照百分率为 52%，太阳辐射总量为 133.58 千卡 $/cm^2.a$，≥ 10℃积温 6268.8℃，无霜期 349 天，年蒸发量 1375 毫米，年均降水量 1283 毫米，相对湿度 75%。最大降水 7～8 月，平均降水 480 毫米，雨季（5～10 月）降水占全年降水量的 83.6%，且降水随海拔的升高而增加，海拔每升高 100 米，降水量增加 50 毫米。

五、土壤

境内地质复杂、岩石种类繁多，加之气候温和、雨量集中、热量丰富，土壤成土母质多样，垂直分布明显。土壤主要类型有红壤、黄壤、黄棕壤、棕壤、赤红壤、砖红壤、亚高山草甸土等。全县以红壤分布为主，并镶嵌着石灰土、紫色土等非地带性土壤，共划分 10 个土类 17 个亚类。

六、植被

在云南植被区划上，永德县地处高原亚热带南部季风常绿阔叶林地带，滇西南中山山原河谷季风常绿阔叶林区，临沧山原刺栲、印栲林，刺斗石栎林亚区。由于地处滇西南高原和横断山脉南端及我国大陆北纬 24°以南，地理位置特殊，地形地貌复杂，山地气候多样，使得该地区具有植物种类繁多，植被类型多样的特点。境内大雪山自然保护区是云南高原完整的山地植被垂直带谱的"缩影"，至今仍保存着大面积的原始中山湿性常绿阔叶林。

第二节　古茶树资源

一、古茶树资源总量

永德县 10 个乡（镇）均有古茶树分布。其中：块状分布面积 126219.01 亩，在块状分布面积中野生型 115092.15 亩，占块状分布面积的 91.18%，栽培型 11126.86 亩，占块状分布面积的 8.82%；单株分布的株数 1332 株，野生型 83 株，占单株分布株数的 6.23%，栽培型 1249 株，占单株分布株数的 93.77%。永德县各乡（镇）古茶树资源面积及数量见表 7-1，详见附表 1。

表 7-1　永德县各乡（镇）古茶树资源面积及数量统计表　　　单位：亩、株

乡（镇）	块状			单株		
	计	野生型	栽培型	计	野生型	栽培型
合计	126219.01	115092.15	11126.86	1332	83	1249
班卡乡	706.65		706.65	54	1	53
崇岗乡	5235.67	5140.48	95.19	148		148
大山乡	781.4		781.4	44	2	42
大雪山乡	35636.97	34312.69	1324.28	133	4	129
德党镇	25342.35	23933.59	1408.76	77	6	71
勐板乡	7207.67	4817.68	2389.99	117		117
乌木龙乡	14055.58	13840.62	214.96	328	61	267
小勐统镇	2365.12		2365.12	53		53
亚练乡	20038.15	18844.7	1193.45	339	9	330
永康镇	14849.45	14202.39	647.06	39		39

二、权属状况

（一）土地所有权

在全县块状分布面积 126219.01 亩，单株分布株数 1332 株。古茶树资源中，土地所有权为国有的块状分布面积为 115092.15 亩，占块状分布面积的 91.18%；土地所有权为集体的块状分布面积为 11126.86 亩，单株分布的株数为 1332 株，分别占块状分布面积、单株分布株数的 8.82% 和 100%。永德县各乡（镇）古茶树资源按土地所有权统计见表

7-2，详见附表1。

表7-2　永德县各乡（镇）古茶树资源按土地所有权统计表　　　单位：亩、株

乡（镇）	土地所有权	块状			单株		
		计	野生型	栽培型	计	野生型	栽培型
合计	小计	126219.01	115092.15	11126.86	1332	83	1249
	国有	115092.15	115092.15				
	集体	11126.86		11126.86	1332	83	1249
班卡乡	集体	706.65		706.65	54	1	53
崇岗乡	国有	5140.48	5140.48				
	集体	95.19		95.19	148		148
大山乡	集体	781.4		781.4	44	2	42
大雪山乡	国有	34312.69	34312.69				
	集体	1324.28		1324.28	133	4	129
德党镇	国有	23933.59	23933.59				
	集体	1408.76		1408.76	77	6	71
勐板乡	国有	4817.68	4817.68				
	集体	2389.99		2389.99	117		117
乌木龙乡	国有	13840.62	13840.62				
	集体	214.96		214.96	328	61	267
小勐统镇	集体	2365.12		2365.12	53		53
亚练乡	国有	18844.7	18844.7				
	集体	1193.45		1193.45	339	9	330
永康镇	国有	14202.39	14202.39				
	集体	647.06		647.06	39		39

（二）古茶树所有权

在全县块状分布面积126219.01亩，单株分布株数1332株。古茶树资源中，古茶树所有权为国有的块状分布面积为115092.15亩，占块状分布面积的91.18%；古茶树所有权为集体的块状分布面积为33.51亩，占块状分布面积的0.03%；古茶树所有权为个人的块状分布面积为11093.35亩，单株分布的株数为1332株，分别占块状分布面积、单株分布株数的8.79%和100%。永德县各乡（镇）古茶树资源按古茶树所有权统计见表7-3，详见附表2。

表7-3　永德县各乡（镇）古茶树资源按古茶树所有权统计表　单位：亩、株

乡（镇）	古茶树所有权	块状			单株		
		计	野生型	栽培型	计	野生型	栽培型
合计	计	126219.01	115092.15	11126.86	1332	83	1249
	国有	115092.15	115092.15				
	集体	33.51		33.51			
	个人	11093.35		11093.35	1332	83	1249
班卡乡	个人	706.65		706.65	54	1	53
崇岗乡	国有	5140.48	5140.48				
	个人	95.19		95.19	148		148
大山乡	个人	781.4		781.4	44	2	42
大雪山乡	国有	34312.69	34312.69				
	集体	1.49		1.49			
	个人	1322.79		1322.79	133	4	129
德党镇	国有	23933.59	23933.59				
	集体	32.02		32.02			
	个人	1376.74		1376.74	77	6	71
勐板乡	国有	4817.68	4817.68				
	个人	2389.99		2389.99	117		117
乌木龙乡	国有	13840.62	13840.62				
	个人	214.96		214.96	328	61	267
小勐统镇	个人	2365.12		2365.12	53		53
亚练乡	国有	18844.7	18844.7				
	个人	1193.45		1193.45	339	9	330
永康镇	国有	14202.39	14202.39				
	个人	647.06		647.06	39		39

（三）古茶树使用权

在全县块状分布面积126219.01亩，单株分布株数1332株。古茶树资源中，古茶树使用权为国有的块状分布面积为115092.15亩，占块状分布面积的91.18%；古茶树使用权为集体的块状分布面积为33.51亩，占块状分布面积的0.03%；古茶树使用权为个人的块状分布面积为11093.35亩，单株分布的株数为1332株，分别占块状分布面积、单株分布株数的8.79%和100%。永德县各乡（镇）古茶树资源按古茶树使用权统计见表7-4，详见附表3。

表7-4 永德县各乡（镇）古茶树资源按古茶树使用权统计表　　单位：亩、株

乡（镇）	古茶树使用权	块状			单株		
		计	野生型	栽培型	计	野生型	栽培型
合计	计	126219.01	115092.15	11126.86	1332	83	1249
	国有	115092.15	115092.15				
	集体	33.51		33.51			
	个人	11093.35		11093.35	1332	83	1249
班卡乡	个人	706.65		706.65	54	1	53
崇岗乡	国有	5140.48	5140.48				
	个人	95.19		95.19	148		148
大山乡	个人	781.4		781.4	44	2	42
大雪山乡	国有	34312.69	34312.69				
	集体	1.49		1.49			
	个人	1322.79		1322.79	133	4	129
德党镇	国有	23933.59	23933.59				
	集体	32.02		32.02			
	个人	1376.74		1376.74	77	6	71
勐板乡	国有	4817.68	4817.68				
	个人	2389.99		2389.99	117		117
乌木龙乡	国有	13840.62	13840.62				
	个人	214.96		214.96	328	61	267
小勐统镇	个人	2365.12		2365.12	53		53
亚练乡	国有	18844.7	18844.7				
	个人	1193.45		1193.45	339	9	330
永康镇	国有	14202.39	14202.39				
	个人	647.06		647.06	39		39

三、地径状况

全县块状分布面积126219.01亩，其中：古茶树地径小于等于20cm的面积有44780.84亩，占块状分布面积的35.48%；地径大于20cm小于等于30cm的面积有81152.48亩，占块状分布面积的64.29%；地径大于30cm小于等于50cm的面积有284.82亩，占块状分布面积的0.23%；地径大于50cm的面积有0.87亩。全县单株分布株数1332株，其中：古茶树地径小于等于20cm的株数有442株，占单株分布株数的33.18%；地径大于20cm小于等于30cm的株数有518株，占单株分布株数的38.89%；地径大于30cm小于等于50cm的株数有279株，占单株分布株数的20.95%；地径大于

50cm 的株数有 93 株，占单株分布株数的 6.98%。永德县各乡（镇）古茶树资源按地径统计见表 7-5，详见附表 5。

表 7-5 　永德县各乡（镇）古茶树资源按地径统计表　　单位：亩、株、cm

乡（镇）	地径级	块状			单株		
		计	野生型	栽培型	计	野生型	栽培型
合计	计	126219.01	115092.15	11126.86	1332	83	1249
	地径≤20	44780.84	34500.57	10280.27	442	4	438
	20＜地径≤30	81152.48	80591.58	560.9	518	17	501
	30＜地径≤50	284.82		284.82	279	29	250
	地径＞50	0.87		0.87	93	33	60
班卡乡	地径≤20	706.65		706.65	14		14
	20＜地径≤30				24		24
	30＜地径≤50				16	1	15
崇岗乡	地径≤20	5223.94	5140.48	83.46	56		56
	20＜地径≤30	11.73		11.73	76		76
	30＜地径≤50				13		13
	地径＞50				3		3
大山乡	地径≤20	781.4		781.4	31	1	30
	20＜地径≤30				7		7
	30＜地径≤50				4		4
	地径＞50				2	1	1
大雪山乡	地径≤20	1583.06	608.82	974.24	42	1	41
	20＜地径≤30	33874.24	33703.87	170.37	60		60
	30＜地径≤50	179.67		179.67	22		22
	地径＞50				9	3	6
德党镇	地径≤20	25334.07	23933.59	1400.48	30		30
	20＜地径≤30	7.28		7.28	23	1	22
	30＜地径≤50	1		1	16	2	14
	地径＞50				8	3	5
勐板乡	地径≤20	7207.67	4817.68	2389.99	53		53
	20＜地径≤30				53		53
	30＜地径≤50				8		8
	地径＞50				3		3

续表

乡（镇）	地径级	块状			单株		
		计	野生型	栽培型	计	野生型	栽培型
乌木龙乡	地径≤20	35.19		35.19	50	2	48
	20＜地径≤30	13955.06	13840.62	114.44	105	16	89
	30＜地径≤50	64.46		64.46	123	20	103
	地径＞50	0.87		0.87	50	23	27
小勐统镇	地径≤20	2365.12		2365.12	17		17
	20＜地径≤30				31		31
	30＜地径≤50				5		5
亚练乡	地径≤20	896.68		896.68	127		127
	20＜地径≤30	19101.78	18844.7	257.08	129		129
	30＜地径≤50	39.69		39.69	65	6	59
	地径＞50				18	3	15
永康镇	地径≤20	647.06		647.06	22		22
	20＜地径≤30	14202.39	14202.39		10		10
	30＜地径≤50				7		7

四、年龄级状况

全县古茶树总株数 1509725 株，其中：古茶树年龄小于 300 年的株数有 1476853 株，占古茶树总株数的 97.82%；古茶树年龄大于等于 300 年小于 499 年的株数有 23129 株，占古茶树总株数的 1.53%；古茶树年龄大于等于 500 年的株数有 9743 株，占古茶树总株数的 0.65%。永德县各乡（镇）古茶树资源按年龄级见表 7-6，详见附表 6。

表 7-6 永德县各乡（镇）古茶树资源按年龄级统计表　　　　单位：株

乡（镇）	年龄级	计	块状			单株		
			计	野生型	栽培型	计	野生型	栽培型
合计	计	1509725	1508393	694224	814169	1332	83	1249
	＜300	1476853	1475594	694224	781370	1259	52	1207
	300～499	23129	23068		23068	61	24	37
	≥500	9743	9731		9731	12	7	5
班卡乡	＜300	49097	49043		49043	54	1	53
崇岗乡	＜300	34258	34110	28780	5330	148		148
大山乡	＜300	44932	44892		44892	40	1	39
	300～499	3				3		3
	≥500	1				1	1	

续表

乡（镇）	年龄级	计	块状			单株		
			计	野生型	栽培型	计	野生型	栽培型
大雪山乡	＜300	270772	270639	223564	47075	133	4	129
	300～499	14463	14463		14463			
	≥500	9363	9363		9363			
德党镇	＜300	225290	225216	142564	82652	74	6	68
	300～499	14	12		12	2		2
	≥500	1				1		1
勐板乡	＜300	281015	280903	31709	249194	112		112
	300～499	4				4		4
	≥500	1				1		1
乌木龙乡	＜300	92224	91942	83527	8415	282	36	246
	300～499	973	932		932	41	22	19
	≥500	373	368		368	5	3	2
小勐统镇	＜300	199331	199278		199278	53		53
亚练乡	＜300	171493	171168	113068	58100	325	4	321
	300～499	7671	7661		7661	10	2	8
	≥500	4				4	3	1
永康镇	＜300	108441	108403	71012	37391	38		38
	300～499	1				1		1

五、地类分布状况

全县块状分布面积 126219.01 亩，其中：分布地类为耕地的面积 401.96 亩，占总面积的 0.32%；分布地类为园地的面积 9021.87 亩，占总面积的 7.15%；分布地类为林地的面积 116788.15 亩，占总面积的 92.53%；分布地类为其他用地的面积 7.03 亩，占总面积的 0.01%。全县单株分布株数 1332 株，其中：分布地类为耕地的株数 467 株，占总株数的 35.06%；分布地类为园地的株数 690 株，占总株数的 51.80%；分布地类为林地的株数 56 株，占总株数的 4.20%；分布地类为其他用地的株数 119 株，占总株数的 8.93%。永德县各乡（镇）古茶树资源不同分布地类统计见表 7-7，详见附表 7。

表 7-7　永德县各乡（镇）古茶树资源不同分布地类统计表　统计单位：亩、株

乡（镇）	分布地类	块状			单株		
		计	野生型	栽培型	计	野生型	栽培型
合计	计	126219.01	115092.15	11126.86	1332	83	1249
	耕地	401.96		401.96	467	56	411
	园地	9021.87		9021.87	690	6	684

续表

乡（镇）	分布地类	块状			单株		
		计	野生型	栽培型	计	野生型	栽培型
	林地	116788.15	115092.15	1696	56	3	53
	其他用地	7.03		7.03	119	18	101
班卡乡	耕地	51.08		51.08	27		27
	林地	393.16		393.16	11		11
	其他用地				1		1
	园地	262.41		262.41	15	1	14
崇岗乡	耕地	7.21		7.21	17		17
	林地	5172.01	5140.48	31.53			
	其他用地	1.68		1.68	2		2
	园地	54.77		54.77	129		129
大山乡	耕地				1		1
	林地				1	1	
	其他用地				18		18
	园地	781.4		781.4	24	1	23
大雪山乡	耕地	1.76		1.76	35	4	31
	林地	34986.77	34312.69	674.08	7		7
	其他用地	1.83		1.83			
	园地	646.61		646.61	91		91
德党镇	耕地	143.59		143.59	26	1	25
	林地	23968.91	23933.59	35.32			
	其他用地	3.05		3.05	14	4	10
	园地	1226.8		1226.8	37	1	36
勐板乡	耕地	6.79		6.79	4		4
	林地	4817.68	4817.68				
	园地	2383.2		2383.2	113		113
乌木龙乡	耕地	2.29		2.29	189	48	141
	林地	13864.59	13840.62	23.97	31	2	29
	其他用地				39	10	29
	园地	188.7		188.7	69	1	68

续表

| 乡（镇） | 分布地类 | 块状 | | | 单株 | | |
		计	野生型	栽培型	计	野生型	栽培型
小勐统镇	林地	63.7		63.7			
	园地	2301.42		2301.42	53		53
亚练乡	耕地	187.82		187.82	167	3	164
	林地	19318.94	18844.7	474.24	6		6
	其他用地				35	4	31
	园地	531.39		531.39	131	2	129
永康镇	耕地	1.42		1.42	1		1
	林地	14202.39	14202.39				
	其他用地	0.47		0.47	10		10
	园地	645.17	0	645.17	28		28

六、群落结构与植被类型

永德县古茶树群落面积共126219.01亩，1508393株。按群落结构分：单层林面积9957.35亩，752012株，分别占古茶树群落面积、株数的7.89%和49.86%；复层林面积116261.66亩，756381株，分别占古茶树群落面积、株数的92.11%和50.14%。

按植被类型分：自然植被型面积124972.92亩，1440547株，分别占古茶群落面积、株数的99.01%和95.50%；人工植被面积1246.09亩，67846株，分别占古茶群落面积、株数的0.99%和4.50%。自然植被中共涉及2个植被型，分别为常绿阔叶林和灌丛。其中常绿阔叶林面积124119.79亩，1382185株，分别占自然植被面积、株数的99.32%和95.95%；灌丛面积853.13亩，58362株，分别占自然植被面积、株数的0.68%和4.05%。永德县古茶树资源群落结构与植被类型按面积株数统计情况见表7-8。

表7-8 永德县古茶树资源群落结构与植被类型按面积株数统计表统计 单位：亩、株

| 属性 | 植被类型 | 合计 | | 单层林 | | 复层林 | |
		面积	株树	面积	株树	面积	株树
	小计	126219.01	1508393	9957.35	752012	116261.66	756381
自然植被	常绿阔叶林	124119.79	1382185	9027.64	687961	115092.15	694224
	灌丛	853.13	58362	853.13	58362		
人工植被		1246.09	67846	76.58	5689	1169.51	62157

第三节　古茶树种质资源

一、野生型古茶树种质资源

永德县野生型古茶树群落面积 115092.15 亩，茶种为大理茶。按野生茶树生长的生境（地类）分均为生长于有林地的野生茶（野生有林）。

永德县野生古茶树群落分布范围较广，保留较多的区域为明朗、勐板、乌木龙、大雪山等地。2003 年对大雪山、亚练、乌木龙和棠梨山等四个片区的栽培古茶树和野生茶树群落进行调查，收集了大量资料。2005 年由中国科学院昆明植物研究所、临沧市茶办、永德县政协和永德县茶办等单位组成考察团，对棠梨山自然保护区野生古茶树群落进行考察，在棠梨山自然保护区原始森林中发现 5 株原生状态保留较完整的古老茶树，其中一株单株树干基围 2.2 米，树高 15 米，大理茶（C.taliensis）。永德野生古茶树群落重点分布在大雪山自然保护区和棠梨山自然保护区，在澜沧江水系的秧琅河和怒江水系的双河、淘金河、四十八道河、南汀河、永康河、德党河、赛米河流域，围绕大雪山主峰山脉东西两侧，海拔在 1900～2600 米范围内的南亚热带山地森林生态系统中均有分布。代表性植株有大雪山 1 号古茶树，野生古茶树，大理茶（C.taliensis）。

二、栽培型古茶树种质资源

永德县栽培型古茶园面积 11126.86 亩，主要栽培种为普洱茶，其次是大理茶。按生长的生境（地类）分：生长于有林地的栽培茶（栽培有林）面积 735.36 亩，占 6.61%；生长于灌木林地的栽培茶（栽培灌木）面积 90.9 亩，占 0.82%；生长于园地的栽培茶（栽培园地）面积 10026.45 亩，占 90.11%；生长于疏林地的栽培茶树（栽培疏林）面积 208.35 亩，占 1.87%；生长于其他地类的栽培茶树（栽培其他）面积 65.8 亩，占 0.59%。

永德县栽培古茶园资源丰富，分布范围较广，各乡镇均有分布，主要有班卡乡放牛场栽培古茶园、勐板乡忙肺古茶园、崇岗乡团山古茶园、大山乡玉化古茶园、亚练乡平掌古茶园、乌木龙乡小帮贵古茶园、德党镇鸣凤山古茶园、小勐统镇梅子箐古茶园、木瓜河（班海）古茶园、永康镇底卡古茶园等。代表性植株有：牛火塘村 1、2 号古茶树，栽培古茶树，大理茶（C.taliensis）；岩岸山 1、2 号古茶树，栽培古茶树，普洱茶种（C.sinensis var assamica）；芒村 1 号古茶树，栽培古茶树，普洱茶种（C.sinensis var assamica）。

第四节 古茶名山状况

一、永德县大雪山乡古茶园

大雪山彝族拉祜族傣族乡，位于永德县东南部，东经 99°44″，北纬 24°01″之间。东和东北与耿马县、云县接壤，南与耿马县相望，西与崇岗乡、班卡乡相连，西北与永康毗邻，北与亚练、乌木龙乡连接。境内最大河流南汀河从东北向西南流过，最高海拔 3504.2 米，最低海拔 630 米，海拔相对高差 2874.2 米。年平均气温 20.3℃，年平均降雨量 1014.1 毫米，平均相对湿度 76%，属亚热带河谷季风气候，干湿两季分明，立体气候突出。永德大雪山系怒江支系碧罗雪山的支脉，山脉呈西北—东南走向，南北绵延 24 公里，东西长 15.6 公里，总面积约 300 平方公里。永德大雪山主峰为大雪山，海拔 3429 米。最东边是属云县地界的大宗山，大雪山海拔 3000 米以上地带，冬春两季有三四个月的积雪过程。大雪山地形多变，地势险峻，植被繁纷，类型错综，动植物种丰富，垂直自然景观明显。在海拔 1900～2600 米范围有野生茶树分布，北起乌木龙乡蕨坝村银厂街组的水分心，南至大雪山保护区的淘金河、大雪山乡蚂蝗箐村新寨组的亚花厂，东起大雪山乡蚂蝗箐村的大麦地、二茶山，西至亚练乡黄草山，集中分布在自然保护区内的四十八道河和大茶山两地。

二、永德德党镇古茶园

德党镇地处滇西边陲永德西部，东经 99°15′，北纬 24°02′，东与大山乡接壤，南与镇康县木场乡相邻，西与勐板乡相邻，北与永康毗邻。境内最高海拔 2650 米，最低海拔 1020 米，气候属南亚热带低纬季风气候，以海拔高低大致可分为温凉、温热两个气带。全年日均照在 2120 小时以上，霜期短，年平均降水量 1256 毫米。以 7、8 两个月份降水量多，降水量占全年的 86% 以上。德党镇古茶树资源以鸣凤山古茶园和棠梨山野生古茶树居群为代表分布于怒江水系永康河、德党河、赛米河流域的明朗大出水、牛火塘、忙海、岩岸山、勐板乡后山村、户丫后山等，海拔在 2000～2500 米范围的原始森林及山地茶园中。

三、永德县勐板乡古茶园

勐板乡位于永德县西部，东与永康镇相连，南与德党镇接壤，西与镇康县的勐捧毗邻，北与小勐统镇相邻。境内居住着汉、傣、彝、佤等 17 个民族。境内常年平均气温

16 ～ 17℃，降雨量 1200 ～ 1660 毫米，最高海拔 2507 米，最低海拔 950 米，立体气候明显，地形山脉呈南北走向，具有山多坝少的特点。属亚热带低纬度高原季风气候。勐板乡最有名的茶园是忙肺茶园。忙肺村坐落于彩云之南、波涛汹涌的怒江山麓，这里古树参天，终年云雾缭绕。典型的立体气候、古老而纯朴的民风造就了云南大叶种茶无与伦比的生长环境。忙肺茶的特色是滋味厚重、刺激性强、香气浓郁，尤以低沉的"木香味"沁人心脾，忙肺大叶茶 1987 年被认定为云南优良群体品种。

第八章
云县篇

第一节 云县概况

一、地理位置与行政区划

云县隶属云南省临沧市，地处滇西南部，临沧市东北部，东与普洱市的景东县隔江相望，南与临翔区、耿马县接壤，西与凤庆、永德县为邻，北以澜沧江为界与大理州的南涧县相望。地理位置东经99°43′～100°33′，北纬23°56′～24°46′。全县南北长90.4公里，东西宽84.2公里，国土总面积365870公顷。

云县辖7个镇、5个乡：爱华镇、漫湾镇、大朝山西镇、涌宝镇、茂兰镇、幸福镇、大寨镇、忙怀彝族布朗族乡（以下简称"忙怀乡"）、晓街乡、茶房乡、栗树彝族傣族乡（以下简称"栗树乡"）、后箐彝族乡（以下简称"后箐乡"）。共有4个社区、190个行政村。县人民政府驻爱华镇。

二、地形及地貌

云县地处滇西横断山系纵谷区南部，为深切割中山宽谷、狭谷区，为第四纪更新纪初期喜马拉雅运动大面积强烈的差别抬升所形成。其山脉属于碧罗雪山南部延伸的支脉，多数为西北—东南走向，境内山峦起伏，沟壑纵横，地形复杂。最高山峰为坐落于大朝山西镇海拔3429.6米的大雪山，最低海拔为幸福镇帮洪村南汀河与永德县交界处仅750米，相对高差达2679.6米。

云县的山地由于长期受到雨水侵蚀和风化作用，境内峡谷纵横、沟壑交错，地形破碎，形成了3种地貌类型。一是河谷盆地，主要为云州坝、新城坝、涌宝坝，占全县总面积的4.5%；二是中切割中山宽谷区，主要为大寨勐麻槽子，南汀河沿岸的勐赖坝、班洪坝，茂兰河沿岸和晓街罗闸河边，占全县总面积的9.7%；三是深切割中山峡谷区，为云县的主要地貌类型，由于长期的地壳板块运动形成了区内山高谷深，地形较为破碎，相对高差超过1000米，是云县生态较脆弱的地区，占云县总面积的85.8%。

三、土壤

境内土壤主要由砂岩、页岩和花岗岩等母岩发育而成，垂直分布较为明显，从低海拔到高海拔依次为赤红壤、红壤、黄红壤、黄棕壤和棕壤。

赤红壤：分布于全县除茶房乡、大寨镇、澜沧江自然保护区、石房林场、国有大亮山生态林场外海拔1300米以下的低山、中山山地。成土母岩多为砂岩、页岩和花岗岩类及风化物。具有有机质含量偏低、严重缺磷、偏酸的特点。

红壤：广泛分布于全县海拔 1300 ～ 2200 米范围内的各乡（镇）的山地，成土母岩主要有砂岩、页岩和石灰岩，土壤发育完好，有机质、氮含量高，缺钾、磷，偏酸，土层中厚，粒状结构，表层疏松，自然肥力中等。

黄红壤：广泛分布于全县海拔 1500 ～ 2400 米范围内的各乡（镇）的低山、浅丘和盆地，成土母岩多以砂页岩、花岗岩和石灰岩为主，土壤发育完好，pH 值 4.46 ～ 6.73，有机质和氮含量高，偏酸，土壤元素缺钾、磷，土层中厚，粒状结构，表层腐质层疏松，自然肥力中等。

黄棕壤：分布于县内海拔 2000 ～ 2800 米各乡（镇）的山地，成土母岩主要有砂页岩和石灰岩，土壤发育完好，pH 值 4.01 ～ 6.00，偏酸，土层中厚，粒状结构，表层疏松，自然肥力中等。

棕壤：仅分布于澜沧江自然保护区海拔 2800 米以上的山地。成土母岩主要有砂岩和玄武岩，土壤发育完好，pH 值 4.16 ～ 6.07，土层中等，粒状结构，表层疏松，自然肥力中等。

四、气候

云县气候主要受印度洋的暖湿气流和西南季风影响，属低纬高原亚热带季风气候和暖温带季风气候。年均温 19.4℃，年均日照时数 2252.3 小时，年均无霜期达 354 天，≥ 10℃活动积温 6750.7 ～ 7265.3℃，年均降雨量 921.4 毫米，年蒸发量 2355.1 毫米，极端最低温 -1.3℃，极端最高温 38.3℃。温度随海拔高度的增加而降低，而降雨量随海拔高度的增加而增多。全年总日照 2230.6 小时，日照率 50% 以上。

云县大致可分为两个气候带四个气候区，海拔 2300 米以上属温带季风气候带，海拔 2300 米以下属亚热带季风气候带。亚热带季风气候带又可分为三个气候区：（1）海拔 1300 米以下的低凹河谷区为南亚热带气候区；（2）海拔 1300 ～ 1800 米的半山区为中亚热带气候区；（3）海拔 1800 ～ 2300 米的山区为北亚热带气候区。

五、水资源

云县境内有 38 条大小河流，分属澜沧江水系和怒江水系。境内澜沧江水系一级支流分别有：罗扎河、北河、晓街河、茂兰河、南箐河、长坡岭河、忙甩河、转水河、勐麻河、拿鱼河等河流，径流面积 3376.8 平方公里，流量 49.9 立方米 / 秒，占全县总面积的 79.60%。境内怒江水系主要有以下支流：南汀河、头道水河、盘河、勐回河、龙潭河等，径流面积 767 平方公里，流量 10.65 立方米 / 秒，占全县总面积的 20.40%。云县共有水库 34 座，总库容量 4349.4 万立方米。目前建有漫湾、大朝山两座百万千瓦级水电站。

六、森林植被

根据《云南植被》（1987 年）分类系统，按森林植被类型的垂直分布区划，云县主要植被类型可分成四个区、七个植被类型。

1.海拔 1300 米以下地带区

①季风常绿阔叶林

县内南汀河下游河谷区域及与临翔区、耿马县接壤的一带河谷两侧山坡下部，零星分布着少量的季风常绿阔叶林。由于人为活动影响，原生林很少，多属次生林，构成主林层的树种主要有：八宝树、聚果榕、毛叶青冈和小果栲等。

②暖热性针叶林

在云城、新城两坝区周围的低山丘陵及澜沧江沿岸向阳的山坡，有集中成片或不连续的思茅松林分布。常见的混生树种有：旱冬瓜、红木荷和麻栎等。

2.海拔 1300～1800 米地带区

①暖热性针叶林

本地带为中亚热带气候区，包括海拔 1300～1800 米的低山及中山组成的半山区。在海拔较高的地区没有云南松林分布，主要以思茅松林为主。

②季风常绿阔叶林

本地带内的阔叶林数量不多，主要分布在云城、茂兰、幸福、头道水等地河谷。常见种有小果栲、腾冲栲、红花木莲和红木荷等。

3.海拔 1800～2800 米地带区

①暖性针叶林

本地带主要分布在云县的东部和北部，以云南松为主，海拔较高处还分布有少量华山松纯林。云南松大部分为天然次生纯林，其中部分林分也伴有原生或次生的阔叶树，主要有旱冬瓜、红木荷及壳斗科的一些树种。

华山松纯林只分布在大丙山海拔 2500 米左右地带，多为单层林，混生树种有旱冬瓜和杜鹃。

②半湿润常绿阔叶林、中山湿性常绿阔叶林和落叶阔叶林

中山湿性常绿阔叶林多分布在海拔 2300～2700 米的大亮山、大丙山、头道水、河中、大雪山及大宗山一带，优势树种较多，主要有西南木荷、腾冲栲、元江栲、大花八角、滇润楠和旱冬瓜等，林下灌木发达，草本植物稀少，附生苔藓较多。

4.海拔 2800 米以上地带区

温凉性针叶林和山顶苔藓矮林

主要有铁杉林、杜鹃林和黄竹林。云南铁杉多为针阔复层混交林，纯林只有小面积分布，其间常混生少量华山松、云南红豆杉、包头石栎等。林内亚乔木层较发达，以西南桦、五裂槭为主。

云县植被在云南省植被区划上属高原亚热带季风常绿阔叶林、滇西南中山山原河谷

季风常绿阔叶林区。水平地带性植被为季风常绿阔叶林，垂直地带性植被主要有思茅松林、云南松林、华山松林、中山湿性常绿阔叶林、落叶阔叶林、亚高山杜鹃灌丛及各种针阔混交林等。在干热河谷地带，原生植被被破坏后，多演替成河谷稀树灌丛或草丛。季风常绿阔叶林破坏后常被思茅松所代替。

第二节　古茶树资源

一、古茶树资源总量

云县 12 个乡（镇）均有古茶树分布。其中：块状分布面积 34090.96 亩，在块状分布面积中野生型 30777.28 亩，占块状分布面积的 90.28%，栽培型 3313.68 亩，占块状分布面积的 9.72%；单株分布的株数 3579 株，野生型 81 株，占单株分布株数的 2.26%，栽培型 3498 株，占单株分布株数的 97.74%。云县各乡（镇）古茶树资源面积及数量见表 8-1，详见附表 1。

表 8-1　云县各乡（镇）古茶树资源面积及数量统计表　　单位：亩、株

乡（镇）	块状			单株		
	计	野生型	栽培型	计	野生型	栽培型
合计	34090.96	30777.28	3313.68	3579	81	3498
爱华镇	3701.5	3701.5		665	28	637
茶房乡				799	8	791
大朝山西镇	1121.04		1121.04	727		727
大寨镇	220.19	220.19		137		137
后箐乡				230		230
栗树乡				36		36
漫湾镇	2401.3	208.66	2192.64	246	1	245
忙怀乡				24		24
茂兰镇	12992.79	12992.79		93		93
幸福镇	13654.14	13654.14		152	44	108
晓街乡				103		103
涌宝镇				367		367

二、权属状况

（一）土地所有权

在全县块状分布面积 34090.96 亩，单株分布株数 3579 株。古茶树资源中，土地所有权为国有的块状分布面积为 23901.48 亩，占块状分布面积的 70.11%；土地所有权为集体的块状分布面积为 10189.48 亩，单株分布的株数为 3579 株，分别占块状分布面积、单株分布株数的 29.89% 和 100%。云县各乡（镇）古茶树资源按土地所有权统计见表 8-2，详见附表 1。

表 8-2　云县各乡（镇）古茶树资源按土地所有权统计表　　单位：亩、株

乡（镇）	土地所有权	块状			单株		
		计	野生型	栽培型	计	野生型	栽培型
合计	计	34090.96	30777.28	3313.68	3579	81	3498
	国有	23901.48	23901.48				
	集体	10189.48	6875.8	3313.68	3579	81	3498
爱华镇	国有	3565.24	3565.24				
	集体	136.26	136.26		665	28	637
茶房乡	集体				799	8	791
大朝山西镇	集体	1121.04		1121.04	727		727
大寨镇	国有	220.19	220.19				
	集体				137		137
后箐乡	集体				230		230
栗树乡	集体				36		36
漫湾镇	国有	202.79	202.79				
	集体	2198.51	5.87	2192.64	246	1	245
忙怀乡	集体				24		24
茂兰镇	国有	10441.12	10441.12				
	集体	2551.67	2551.67		93		93
幸福镇	国有	9472.14	9472.14				
	集体	4182	4182		152	44	108
晓街乡	集体				103		103
涌宝镇	集体				367		367

（二）古茶树所有权

在全县块状分布面积 34090.96 亩，单株分布株数 3579 株。古茶树资源中，古茶树所有权为国有的块状分布面积为 23901.48 亩，占块状分布面积的 70.11%；古茶树所有权为集体的单株分布株数为 52 株，占单株分布株数的 1.45%；古茶树所有权为个人的块

状分布面积为 10189.48 亩，单株分布的株数为 3526 株，分别占块状分布面积、单株分布株数的 29.89% 和 98.52%；古茶树所有权为其他的单株分布株数为 1 株，占单株分布株数的 0.03%。云县各乡（镇）古茶树资源按古茶树所有权统计见表 8-3，详见附表 2。

表 8-3 云县各乡（镇）古茶树资源按古茶树所有权统计表　　单位：亩、株

乡（镇）	古茶树所有权	块状			单株		
		计	野生型	栽培型	计	野生型	栽培型
合计	小计	34090.96	30777.28	3313.68	3579	81	3498
	国有	23901.48	23901.48				
	集体				52	51	1
	个人	10189.48	6875.8	3313.68	3526	30	3496
	其他				1		1w
爱华镇	国有	3565.24	3565.24				
	个人	136.26	136.26		665	28	637
大朝山西镇	集体				1		1
	个人	1121.04		1121.04	726		726
漫湾镇	国有	202.79	202.79				
	个人	2198.51	5.87	2192.64	246	1	245
茂兰镇	国有	10441.12	10441.12				
	个人	2551.67	2551.67		93		93
幸福镇	国有	9472.14	9472.14				
	集体				43	43	
	个人	4182	4182		109	1	108
茶房乡	集体				8	8	
	个人				790		790
	其他				1		1
大寨镇	国有	220.19	220.19				
	个人				137		137
后箐乡	个人				230		230
栗树乡	个人				36		36
忙怀乡	个人				24		24
晓街乡	个人				103		103
涌宝镇	个人				367		367

（三）古茶树使用权

在全县块状分布面积 34090.96 亩，单株分布株数 3579 株。古茶树资源中，古茶树使用权为国有的块状分布面积为 23901.48 亩，占块状分布面积的 70.11%；古茶树使用

权为集体的单株分布株数为 52 株，占单株分布株数的 1.45%；古茶树使用权为个人的块状分布面积为 10189.48 亩，单株分布的株数为 3526 株，分别占块状分布面积、单株分布株数的 29.89% 和 98.52%；古茶树使用权为其他的单株分布株数为 1 株，占单株分布株数的 0.03%。云县各乡（镇）古茶树资源按古茶树使用权统计见表 8-4，详见附表 3。

表 8-4 云县各乡（镇）古茶树资源按古茶树使用权统计表　　单位：亩、株

乡（镇）	古茶树使用权	块状			单株		
		计	野生型	栽培型	计	野生型	栽培型
合计	小计	34090.96	30777.28	3313.68	3579	81	3498
	国有	23901.48	23901.48				
	集体				52	51	1
	个人	10189.48	6875.8	3313.68	3526	30	3496
	其他				1		1
爱华镇	国有	3565.24	3565.24				
	个人	136.26	136.26		665	28	637
大朝山西镇	集体				1		1
	个人	1121.04		1121.04	726		726
漫湾镇	国有	202.79	202.79				
	个人	2198.51	5.87	2192.64	246	1	245
茂兰镇	国有	10441.12	10441.12				
	个人	2551.67	2551.67		93		93
幸福镇	国有	9472.14	9472.14				
	集体				43	43	
	个人	4182	4182		109	1	108
茶房乡	集体				8	8	
	个人				790		790
	其他				1		1
大寨镇	国有	220.19	220.19				
	个人				137		137
后箐乡	个人				230		230
栗树乡	个人				36		36
忙怀乡	个人				24		24
晓街乡	个人				103		103
涌宝镇	个人				367		367

三、地径状况

全县块状分布面积 34090.96 亩，古茶树地径小于等于 20cm 的面积有 34090.96 亩，

占块状分布面积的 100%。全县单株分布株数 3579 株，其中：古茶树地径小于等于20cm 的株数有 848 株，占单株分布株数的 23.69%；地径大于 20cm 小于等于 30cm 的株数有 1485 株，占单株分布株数的 41.49%；地径大于 30cm 小于等于 50cm 的株数有 935株，占单株分布株数的 26.12%；地径大于 50cm 的株数有 311 株，占单株分布株数的8.69%。云县各乡（镇）古茶树资源按地径统计见表 8-5，详见附表 5。

表 8-5　云县各乡（镇）古茶树资源按地径统计表　　　　单位：亩、株

乡（镇）	地径级	块状			单株		
		计	野生型	栽培型	计	野生型	栽培型
合计	小计	34090.96	30777.28	3313.68	3579	81	3498
	地径≤20	34090.96	30777.28	3313.68	848	52	796
	20＜地径≤30				1485	13	1472
	30＜地径≤50				935	12	923
	地径＞50				311	4	307
爱华镇	地径≤20	3701.5	3701.5		157	1	156
	20＜地径≤30				286	13	273
	30＜地径≤50				182	12	170
	地径＞50				40	2	38
大朝山西镇	地径≤20	1121.04		1121.04	288		288
	20＜地径≤30				352		352
	30＜地径≤50				74		74
	地径＞50				13		13
漫湾镇	地径≤20	2401.3	208.66	2192.64	29		29
	20＜地径≤30				103		103
	30＜地径≤50				85		85
	地径＞50				29	1	28
茂兰镇	地径≤20	12992.79	12992.79		3		3
	20＜地径≤30				14		14
	30＜地径≤50				36		36
	地径＞50				40		40
幸福镇	地径≤20	13654.14	13654.14		64	43	21
	20＜地径≤30				41		41
	30＜地径≤50				35		35
	地径＞50				12	1	11
茶房乡	地径≤20				136	8	128
	20＜地径≤30				460		460
	30＜地径≤50				182		182
	地径＞50				21		21

乡（镇）	地径级	块状			单株		
		计	野生型	栽培型	计	野生型	栽培型
大寨镇	地径≤20	220.19	220.19		32		32
	20＜地径≤30				56		56
	30＜地径≤50				37		37
	地径＞50				12		12
后箐乡	地径≤20				91		91
	20＜地径≤30				81		81
	30＜地径≤50				30		30
	地径＞50				28		28
栗树乡	地径≤20				4		4
	20＜地径≤30				11		11
	30＜地径≤50				20		20
	地径＞50				1		1
忙怀乡	地径≤20				3		3
	20＜地径≤30				12		12
	30＜地径≤50				4		4
	地径＞50				5		5
晓街乡	地径≤20				38		38
	20＜地径≤30				39		39
	30＜地径≤50				20		20
	地径＞50				6		6
涌宝镇	地径≤20				3		3
	20＜地径≤30				30		30
	30＜地径≤50				230		230
	地径＞50				104		104

四、年龄级状况

全县古茶树总株数 540716 株，其中：古茶树年龄小于 300 年的株数有 534161 株，占古茶树总株数的 98.79%；古茶树年龄大于等于 300 年小于 499 年的株数有 6460 株，占古茶树总株数的 1.19%；古茶树年龄大于等于 500 年的株数有 95 株，占古茶树总株数的 0.02%。云县各乡（镇）古茶树资源按年龄级见表 8-6，详见附表 6。

表 8-6　云县各乡（镇）古茶树资源按年龄级统计表　　　　　单位：株

乡（镇）	年龄级	计	块状			单株		
			计	野生型	栽培型	计	野生型	栽培型
合计	小计	540716	537137	269875	267262	3579	81	3498
	＜300	534161	530890	268560	262330	3271	74	3197
	300～499	6460	6247	1315	4932	213	6	207
	≥500	95				95	1	94
爱华镇	＜300	34490	33916	33916		574	22	552
	300～499	1403	1315	1315		88	6	82
	≥500	3				3		3
茶房乡	＜300	734				734	8	726
	300～499	60				60		60
	≥500	5				5		5
大朝山西镇	＜300	156919	156196		156196	723		723
	300～499	860	859		859	1		1
	≥500	3				3		3
漫湾镇	＜300	108152	107997	1863	106134	155		155
	300～499	4103	4073		4073	30		30
	≥500	61				61	1	60
茂兰镇	＜300	114810	114734	114734		76		76
	300～499	7				7		7
	≥500	10				10		10
幸福镇	＜300	116875	116726	116726		149	44	105
	300～499	3				3		3
大寨镇	＜300	1456	1321	1321		135		135
	300～499	2				2		2
后箐乡	＜300	230				230		230
栗树乡	＜300	36				36		36
忙怀乡	＜300	24				24		24
晓街乡	＜300	102				102		102
	300～499	1				1		1
涌宝镇	＜300	333				333		333
	300～499	21				21		21
	≥500	13				13		13

五、地类分布状况

全县块状分布面积 34090.96 亩，其中：分布地类为园地的面积 3180.49 亩，占总面积的 9.33%；分布地类为林地的面积 30910.47 亩，占总面积的 90.67%。全县单株分布株数 3579 株，其中：分布地类为耕地的株数 2545 株，占总株数的 71.11%；分布地类为园地的株数 900 株，占总株数的 25.15%；分布地类为林地的株数 31 株，占总株数的 0.87%；分布地类为草地的株数 32 株，占总株数的 0.89%；分布地类为其他用地的株数 71 株，占总株数的 1.98%。云县各乡（镇）古茶树资源不同分布地类统计见表 8-7，详见附表 7。

表 8-7　云县各乡（镇）古茶树资源不同分布地类统计表统计　　单位：亩、株

乡（镇）	分布地类	块状			单株		
		计	野生型	栽培型	计	野生型	栽培型
合计	小计	34090.96	30777.28	3313.68	3579	81	3498
	耕地				2545		2545
	园地	3180.49		3180.49	900		900
	林地	30910.47	30777.28	133.19	31	30	1
	草地				32		32
	其他用地				71	51	20
爱华镇	草地				3		3
	耕地				251		251
	林地	3701.5	3701.5		28	28	
	其他用地				3		3
	园地				380		380
大朝山西镇	耕地				625		625
	园地	1121.04		1121.04	102		102
漫湾镇	耕地				217		217
	林地	341.85	208.66	133.19	2	1	1
	其他用地				2		2
	园地	2059.45		2059.45	25		25
茂兰镇	耕地				11		11
	林地	12992.79	12992.79		0		
	园地				82		82
幸福镇	耕地				14		14
	林地	13654.14	13654.14		1	1	
	其他用地				43	43	
	园地				94		94

续表

乡（镇）	分布地类	块状			单株		
		计	野生型	栽培型	计	野生型	栽培型
茶房乡	草地				29		29
	耕地				663		663
	其他用地				14	8	6
	园地				93		93
大寨镇	林地	220.19	220.19				
	耕地				137		137
后箐乡	耕地				198		198
	其他用地				1		1
	园地				31		31
栗树乡	园地				36		36
忙怀乡	耕地				10		10
	园地				14		14
晓街乡	耕地				64		64
	园地				39		39
涌宝镇	耕地				355		355
	其他用地				8		8
	园地				4		4

六、群落结构与植被类型

云县古茶树群落面积共34090.96亩，537137株。按群落结构分均为单层林，面积34090.96亩，537137株。

按植被类型分：自然植被型面积33957.77亩，525284株，分别占古茶群落面积、株数的99.61%和97.79%；人工植被面积133.19亩，11853株，分别占古茶群落面积、株数的0.39%和2.21%。自然植被中共涉及2个植被型，分别为常绿阔叶林和落叶阔叶林。其中常绿阔叶林面积33597.53亩，522512株，分别占自然植被面积、株数的98.94%和99.47%；落叶阔叶林面积360.24亩，2772株，分别占自然植被面积、株数的1.06%和0.53%。云县古茶树资源群落结构与植被类型按面积株数统计情况见表8-8。

表8-8　云县古茶树资源群落结构与植被类型按面积株数统计表统计　　单位：亩、株

属性	植被类型	合计		单层林		复层林	
		面积	株树	面积	株树	面积	株树
小计		34090.96	537137	34090.96	537137		
自然植被	常绿阔叶林	33597.53	522512	33597.53	522512		
	落叶阔叶林	360.24	2772	360.24	2772		
人工植被		133.19	11853	133.19	11853		

第三节 古茶树种质资源

一、野生型古茶树种质资源

云县野生型古茶树群落面积 30777.28 亩，茶种为大理茶。按野生茶树生长的生境（地类）分：生长于有林地的野生茶（野生有林）面积 30643.1 亩，占 99.56%；生长于疏林地的野生茶树（野生疏林）面积 134.18 亩，占 0.44%。

云县野生型古茶树群落主要分布于自然保护区内的大朝山、爱华镇黄竹林箐、幸福镇大宗山万明山和漫湾镇白莺山村、大丙山等。幸福镇大宗山野生茶树群落分布于幸福镇篾笆山、哨山、控抗、帮洪、帮信、安腊大箐等附近的国有原始森林中。爱华镇古茶树资源以黄竹林箐野生树群落为主，涵盖爱华镇安河村、和中村等。漫湾镇野生茶群落主要分布在大丙山自然保护区。

二、栽培型古茶树种质资源

云县栽培型古茶园面积 3313.68 亩，主要栽培种为普洱茶。按生长的生境（地类）分：生长于有林地的栽培茶（栽培有林）面积 126.97 亩，占 3.83%；生长于园地的栽培茶（栽培园地）面积 3180.49 亩，占 95.98%；生长于疏林地的栽培茶树（栽培疏林）面积 6.22 亩，占 0.19%。

云县饮茶种茶历史悠久，茶树资源丰富，茶文化底蕴深厚。有被誉为茶自然历史博物馆的白莺山古茶园，有白莺山"赶茶会"推良种的历史传统，有"茶为媒"的真实版爱情故事，有"贺庆茶"传说，保留有古老的茶马古道和神州渡古渡口。白莺山先民为布朗族，而后彝族和汉族等逐渐迁入杂居。先民依原生茶树而栖，采茶狩猎为生，茶叶及山货由神舟古渡过澜沧江运往巍山、大理交易，为最古老的茶盐、茶纱贸易。白莺山先民在采集"野茶"的同时，将"野茶"引种到村前屋后种植，称为本山茶，为茶树引种驯化之发端。白莺山先民自觉不自觉的引种选种与茶树自然杂交变异的结果，形成形态、品质特征有明显差异，被当地茶农称为黑条子茶、二嘎子茶、白芽子茶、藤子茶、柳叶茶、豆蔻茶、红芽口茶、贺庆茶等多种类型茶叶与本山茶、勐库茶共存一园的独特景观。白莺山古茶树类型分布较为多样，种类多样，变异繁多，不仅是茶树种质资源的宝库，而且展示了野生茶树成为栽培作物的不同阶段，是茶的起源的历史见证。代表性植株有：白莺山 1 号古茶树，栽培古茶树，种待鉴定，疑似大苞茶（C.grandibracteata Chang et Yu）；白莺山 2 号古茶树，栽培古茶树，大理茶（C.taliensis），当地称为本山茶；白莺山 3 号古茶树，栽培茶树，种待鉴定，当地称为红芽子茶，灌木型，树姿开张，分支密；白莺山 4 号古茶树，栽培茶树，种待鉴定，当地称为柳叶茶；独木村古茶树，栽培古茶树，普洱茶（C.sinensi var assamica），勐库大叶茶；温速村 1 号古茶树，栽培古茶树，普洱茶（C.sinensis var assamica）；糯伍村 1 号古茶树，栽培古茶树，普洱茶（C.sinensis var assamica）；纸山箐村 1 号古茶树，栽培古茶树，普洱茶种（C.sinensis var assamica）；昔元村 1 号古茶树，栽培古茶树，普洱茶（C.sinensis var assamica）。

第四节　古茶名山状况

一、云县漫湾镇古茶园

漫湾镇位于云县东北部，东北隔澜沧江与普洱市景东县和大理州南涧县相望，西与茂兰镇接壤，南与忙怀乡为邻。境内最低海拔 980 米，最高海拔 2834 米，镇内立体气候明显，最高气温 39℃，最低气温 1℃，年平均气温 20℃，年降雨量 126.93 毫米。漫湾镇野生茶群落主要分布在大丙山自然保护区，栽培古茶树主要分布在白莺山村、核桃林村和酒房村。白莺山古茶园最具特色，白莺山古茶园是云县漫湾镇大丙山古茶树群落的主要区域，位于东经 100°19′～100°21′，北纬 24°17′～24°39′，海拔 1800～2300 米之间，南北纵距 6 公里，东西横距 1.6 公里，分别属于白莺山和核桃岭两个村民委员会，居住有布朗族、拉祜族、彝族（包括俐侎人）、汉族等民族。大丙山区南北两面被东西流向的澜沧江及其支流罗扎河拦腰切断，使横断山在此变成"纵断山"；东西两侧分别是澜沧江和安乐河（罗扎河支流）。四面的江河把大丙山区包括在中间，使其形成一座"孤岛"似的古茶山。

二、云县爱华镇古茶园

爱华镇地处云县县城所在地，祥临、云保二级公路和云雪公路在县城相交而过，是临沧市一区七县通往昆明的商贸集散地。东连晓街乡、南与茶房乡、幸福镇和临翔区蚂蚁堆乡接壤，西邻凤庆县洛党镇、雪山镇，北接茂兰镇。境内居住着回、彝、白、傣、苗、佤、拉祜、布朗、普米、傈僳等少数民族。爱华镇是一个山坝结合、立体气候较强的农业大镇，最高海拔为 3098 米，最低海拔 1039 米，趋于西部高南部低的地形，年平均气温 19.4℃，年平均降雨量 912.66 毫米，霜期短。爱华镇古茶树资源以黄竹林箐野生树群落为主，涵盖爱华镇安河村、和中村等。

三、云县忙怀乡古茶园

忙怀彝族布朗族乡位于澜沧江中游横断山区的云县城东北部，东隔澜沧江与普洱市景东县的漫湾、林街两乡镇相望，南连云县后箐乡和涌宝镇，西与云县晓街乡、茂兰镇相连，北与漫湾镇接壤。全乡居住着彝、布朗、回、傣、白、傈僳、苗、景颇、独龙、汉等 13 个民族。境内群山起伏连绵，山高坡陡，峡谷纵横，最高海拔 2580 米，最低海拔 795 米，年平均气温 22℃，年降水量 1400 毫米，是一个以彝族为主，布朗族为特色，以传统的种植和养殖为主的典型的民族山区农业乡。忙怀乡古茶园主要分布在忙怀乡的忙贵村、麦地村以及温速村民委员会。

四、云县大朝山西镇古茶园

大朝山西镇位于云县东南部，东临澜沧江与普洱市景东县隔江相望，西南与临翔区邦东乡毗邻，东北与栗树乡接壤，北与大寨镇相连，西靠大雪山。大朝山西镇属典型的山区农业镇，境内最高海拔 3249 米，最低海拔 784 米，年均降雨量 1100 毫米，年均气温 17℃，立体气候特征显著，生物多样性资源富集。大朝山西镇古茶树资源主要分布于苍蒲塘村、昔元村、邦旭村、被阴寨等，其中以苍蒲塘村糯伍村民小组村古茶树群落为代表，如糯伍大茶树、纸山箐大茶树、昔元大茶树。

第九章
镇康篇

第一节　镇康概况

一、地理位置及行政区划

镇康县位于云南省西南部,地处怒江下游,南接耿马县,东邻永德县,西与缅甸果敢县接壤,北濒保山市龙陵县。地理坐标东经98°40′19″～99°22′42″,北纬23°37′14″～24°15′32″,东西宽71.92公里,南北长70.69公里。全县国土总面积2529.27平方公里,国境线长96.36公里。

镇康县隶属云南省临沧市,全县辖勐堆乡、木场乡、军赛乡、忙丙乡、南伞镇、勐捧镇、凤尾镇等7个乡(镇),共74个村民委员会(社区)。南伞镇是镇康县的政治、经济、文化中心,距临沧市331公里,距云南省首府昆明891公里,距缅甸果敢县城9公里。

二、地形地貌

镇康县地处滇西南"帚状"山脉的中低山深切割峡谷地区,地势东北高,西南低;地貌以山地为主,谷坝相间其中。东南部以雪竹林大山为主体山脉,所属山脉形成"山"字状,从东北向西南延伸到南捧河下游断陷;西北部以实竹林大山为主体山脉,由北向西南延伸出境;中部为班来山山系,自东北向西南延伸至南捧河中上游断陷,余脉延伸出境。境内主要山脉有实竹林山、马鞍山、大尖山峰、忙丙大山、雪竹林大山等,境内最高海拔2978米,最低海拔510米,相对高差为2468米。

三、气候

镇康县地处滇西南低纬度地区,在西南季风、印度洋暖湿气流和西北干冷气流的影响下,形成镇康县域春秋温暖、夏秋季长、雨热同季、雨量充沛、夏无酷暑、冬无严寒、日照充足、热源丰富、干湿明显的亚热带气候。县境内具有北热带、南亚热带、中亚热带、北亚热带四种类型的气候带,全县以南亚热带类型为主。

镇康县年降水量1405.6毫米,降水的普遍规律是随海拔升高而降水量增多,全县降水分布不均,有多雨区、少雨区、一般雨区之分,多雨区主要分布在县境的南部和东南部。年平均气温为20.8℃,全年最高气温达36.0℃,最低气温为4.2℃,无霜期。年日照时数为2237.8小时,日照充足。

四、水文

镇康县的河流属怒江水系，怒江从县境内的勐捧镇北沿穿过，流入缅甸。镇康县的水利资源丰富，40 余条大小河流横竖交错，犹如一张铺开的巨网，撒在镇康县的大地上。全县流域面积达 2000 多平方公里。河流水资源具有水位低、落差大、含沙量小和年际变化不出现干涸现象等特点，除雨季洪泛时期泥沙较大外，其余季节水质清澈。县境内年径流总量 21.32 亿立方米，水能资源理论蕴藏量为 26.49 万千瓦。

五、森林土壤

镇康县地层以古生代地层分布最广，中生代地层次之，通过漫长历史的演变，形成古陆地山区。全县各类森林土壤成土母质主要由石灰岩、砂岩、白云质灰岩、砾岩、紫色砂岩和少量的紫色砂页岩、玄武岩、变质花岗岩组成。全县森林土壤主要有赤红壤、砖红壤、红壤、黄壤、黄棕壤、中性紫色土、红色石灰土等，随生物气候带的分异而形成地带性和垂直地带性。

六、植被

由于镇康县的特殊气候，复杂的地形地貌以及水热条件的差异，境内的森林植被种类也多样化。全县森林植被主要有：针叶林，包括温性针叶林、暖性针叶林和暖热性针叶林，主要树种有云南松、华山松、思茅松、杉木、柏木等；阔叶林，包括常绿阔叶林、落叶阔叶林，主要树种有木荷、栎类、桦类、栲类、桤木、铁刀木等；灌丛，包括温凉性灌丛和暖性灌丛，主要树种有杜鹃、悬钩子、黄荆、萌生栎、铃木等；人工植被，主要有经济林，还有桤木、喜树、桉树和杉木林等。

第二节　古茶树资源

一、古茶树资源总量

镇康县 7 个乡（镇）均有古茶树分布。其中：块状分布面积 5522.79 亩，在块状分布面积中野生型 867.94 亩，占块状分布面积的 15.72%，栽培型 4654.85 亩，占块状分布面积的 84.28%；单株分布的株数 732 株，野生型 132 株，占单株分布株数的 18.03%，栽培型 600 株，占单株分布株数的 81.97%。镇康县各乡（镇）古茶树资源面积及数量见表 9-1，详见附表 1。

表 9-1 镇康县各乡（镇）古茶树资源面积及数量统计表　　　单位：亩、株

乡（镇）	块状			单株		
	计	野生型	栽培型	计	野生型	栽培型
合计	5522.79	867.94	4654.85	732	132	600
凤尾镇	665.7	179.72	485.98	13	4	9
军赛乡	2.93		2.93	86	25	61
忙丙乡	1622.53	49.52	1573.01	99	16	83
勐堆乡	754.18	604.69	149.49	50	2	48
勐捧镇	2409.37		2409.37	5		5
木场乡	34.75	29.87	4.88	378	85	293
南伞镇	33.33	4.14	29.19	101		101

二、权属状况

（一）土地所有权

在全县块状分布面积 5522.79 亩，单株分布株数 732 株。古茶树资源中，土地所有权为国有的块状分布面积为 175.26 亩，单株分布的株数为 16 株，分别占块状分布面积、单株分布株数的 3.17% 和 2.19%；土地所有权为集体的块状分布面积为 5347.53 亩，单株分布的株数为 716 株，分别占块状分布面积、单株分布株数的 96.83% 和 97.81%。镇康县各乡（镇）古茶树资源按土地所有权统计见表 9-2，详见附表 1。

表 9-2 镇康县各乡（镇）古茶树资源按土地所有权统计表　　　单位：亩、株

乡（镇）	土地所有权	块状			单株		
		计	野生型	栽培型	计	野生型	栽培型
合计	计	5522.79	867.94	4654.85	732	132	600
	国有	175.26	175.26		16	16	
	集体	5347.53	692.68	4654.85	716	116	600
凤尾镇	集体	665.7	179.72	485.98	13	4	9
军赛乡	集体	2.93		2.93	86	25	61
忙丙乡	国有	49.52	49.52		16	16	
	集体	1573.01	0	1573.01	83		83
勐堆乡	国有	121.6	121.6				
	集体	632.58	483.09	149.49	50	2	48
勐捧镇	集体	2409.37		2409.37	5		5
木场乡	集体	34.75	29.87	4.88	378	85	293
南伞镇	国有	4.14	4.14				
	集体	29.19		29.19	101		101

（二）古茶树所有权

在全县块状分布面积 5522.79 亩，单株分布株数 732 株。古茶树资源中，古茶树所有权为国有的块状分布面积为 175.26 亩，单株分布的株数为 16 株，分别占块状分布面积、单株分布株数的 3.17% 和 2.19%；古茶树所有权为集体的块状分布面积为 493.46 亩，单株分布的株数为 89 株，分别占块状分布面积、单株分布株数的 8.93% 和 12.16%；古茶树所有权为个人的块状分布面积为 4854.07 亩，单株分布的株数为 627 株，分别占块状分布面积、单株分布株数的 87.89% 和 85.66%。镇康县各乡（镇）古茶树资源按古茶树所有权统计见表 9-3，详见附表 2。

表 9-3　镇康县各乡（镇）古茶树资源按古茶树所有权统计表　　单位：亩、株

| 乡（镇） | 古茶树所有权 | 块状 | | | 单株 | | |
		计	野生型	栽培型	计	野生型	栽培型
合计	计	5522.79	867.94	4654.85	732	132	600
	国有	175.26	175.26		16	16	
	集体	493.46	493.46		89	7	82
	个人	4854.07	199.22	4654.85	627	109	518
凤尾镇	集体	178.44	178.44				
	个人	487.26	1.28	485.98	13	4	9
军赛乡	集体				7	7	
	个人	2.93		2.93	79	18	61
忙丙乡	国有	49.52	49.52		16	16	
	集体				78		78
	个人	1573.01		1573.01	5		5
勐堆乡	国有	121.6	121.6				
	集体	300.98	300.98				
	个人	331.6	182.11	149.49	50	2	48
勐捧镇	个人	2409.37		2409.37	5		5
木场乡	集体	14.04	14.04				
	个人	20.71	15.83	4.88	378	85	293
南伞镇	国有	4.14	4.14				
	集体				4		4
	个人	29.19		29.19	97		97

（三）古茶树使用权

在全县块状分布面积 5522.79 亩，单株分布株数 732 株。古茶树资源中，古茶树使用权为国有的块状分布面积为 175.26 亩，单株分布的株数为 16 株，分别占块状分布面积、单株分布株数的 3.17% 和 2.19%；古茶树使用权为集体的块状分布面积为 493.46 亩，

单株分布的株数为11株，分别占块状分布面积、单株分布株数的8.93%和1.50%；古茶树使用权为个人的块状分布面积为4854.07亩，单株分布的株数为705株，分别占块状分布面积、单株分布株数的87.89%和96.31%。镇康县各乡（镇）古茶树资源按古茶树使用权统计见表9-4，详见附表3。

表9-4 镇康县各乡（镇）古茶树资源按古茶树使用权统计表　　单位：亩、株

乡（镇）	古茶树使用权	块状			单株		
		计	野生型	栽培型	计	野生型	栽培型
合计	计	5522.79	867.94	4654.85	732	132	600
	国有	175.26	175.26		16	16	
	集体	493.46	493.46		11	7	4
	个人	4854.07	199.22	4654.85	705	109	596
凤尾镇	集体	178.44	178.44				
	个人	848.6	1.28	847.32	13	4	9
军赛乡	集体				7	7	
	个人	2.93		2.93	79	18	61
忙丙乡	国有	49.52	49.52		16	16	
	集体						
	个人	1573.01		1573.01	83		83
勐堆乡	国有	121.6	121.6				
	集体	300.98	300.98				
	个人	473.29	182.11	291.18	50	2	48
勐捧镇	个人	2409.37		2409.37	5		5
木场乡	集体	14.04	14.04				
	个人	20.71	15.83	4.88	378	85	293
南伞镇	国有	4.14	4.14				
	集体				4		4
	个人	29.19	0	29.19	97		97

三、地径状况

全县块状分布面积5522.79亩，其中：古茶树地径小于等于20cm的面积有5397.39亩，占块状分布面积的97.73%；地径大于20cm小于等于30cm的面积有125.4亩，占块状分布面积的2.27%。全县单株分布株数732株，其中：古茶树地径小于等于20cm的株数有264株，占单株分布株数的36.07%；地径大于20cm小于等于30cm的株数有279株，占单株分布株数的38.11%；地径大于30cm小于等于50cm的株数有156株，占单株分布株数的21.31%；地径大于50cm的株数有33株，占单株分布株数的4.51%。镇康县各乡（镇）古茶树资源按地径统计见表9-5，详见附表5。

表 9-5 镇康县各乡（镇）古茶树资源按地径统计表   单位：亩、株、cm

乡（镇）	地径级	块状			单株		
		计	野生型	栽培型	计	野生型	栽培型
合计	计	5522.79	867.94	4654.85	732	132	600
	地径≤20	5397.39	836	4561.39	264	19	245
	20＜地径≤30	125.4	31.94	93.46	279	37	242
	30＜地径≤50				156	57	99
	地径＞50				33	19	14
凤尾镇	地径≤20	664.42	178.44	485.98	2		2
	20＜地径≤30	1.28	1.28		10	3	7
	地径＞50				1	1	
军赛乡	地径≤20	2.18		2.18	27	1	26
	20＜地径≤30	0.75		0.75	30	7	23
	30＜地径≤50				20	10	10
	地径＞50				9	7	2
忙丙乡	地径≤20	1587.8	32.9	1554.9	37	2	35
	20＜地径≤30	34.73	16.62	18.11	33	6	27
	30＜地径≤50				25	6	19
	地径＞50				4	2	2
勐堆乡	地径≤20	712.69	604.69	108	21	2	19
	20＜地径≤30	41.49		41.49	20		20
	30＜地径≤50				9		9
勐捧镇	地径≤20	2400.78		2400.78	1		1
	20＜地径≤30	8.59		8.59	2		2
	30＜地径≤50				1		1
	地径＞50				1		1
木场乡	地径≤20	18.94	15.83	3.11	141	14	127
	20＜地径≤30	15.81	14.04	1.77	143	21	122
	30＜地径≤50				78	41	37
	地径＞50				16	9	7
南伞镇	地径≤20	10.58	4.14	6.44	35		35
	20＜地径≤30	22.75		22.75	41		41
	30＜地径≤50				23		23
	地径＞50				2		2

四、年龄级状况

全县古茶树总株数 1020681 株，其中：古茶树年龄小于 300 年的株数有 1020153 株，占古茶树总株数的 99.95%；古茶树年龄大于等于 300 年小于 499 年的株数有 528 株，占古茶树总株数的 0.05%。镇康县各乡（镇）古茶树资源按年龄级见表 9-6，详见附表 6。

表 9-6　镇康县各乡（镇）古茶树资源按年龄级统计表　　　　　单位：株

乡（镇）	年龄级	计	块状			单株		
			计	野生型	栽培型	计	野生型	栽培型
合计	计	1020681	1019949	59230	960719	732	132	600
	<300	1020153	1019441	59216	960225	712	113	599
	300～499	528	508	14	494	20	19	1
凤尾镇	<300	149848	149838	7316	142522	10	1	9
	300～499	264	261	14	247	3	3	
军赛乡	<300	215	131		131	84	23	61
	300～499	2				2	2	
忙丙乡	<300	299678	299580	796	298784	98	15	83
	300～499	1				1	1	
勐堆乡	<300	59141	59091	48942	10149	50	2	48
勐捧镇	<300	506062	506058		506058	4		4
	300～499	248	247		247	1		1
木场乡	<300	2699	2334	2073	261	365	72	293
	300～499	13				13	13	
南伞镇	<300	2510	2409	89	2320	101		101

五、地类分布状况

全县块状分布面积 5522.79 亩，其中：分布地类为耕地的面积 1378.09 亩，占总面积的 24.95%；分布地类为园地的面积 2580.19 亩，占总面积的 46.72%；分布地类为林地的面积 1.08 亩，占总面积的 0.02%；分布地类为草地的面积 881.14 亩，占总面积的 15.95%；分布地类为其他用地的面积 682.29 亩，占总面积的 12.35%。全县单株分布株数 732 株，其中：分布地类为耕地的株数 251 株，占总株数的 34.29%；分布地类为园地的株数 420 株，占总株数的 57.38%，分布地类为林地的株数 43 株，占总株数的 5.87%，分布地类为草地的株数 3 株，占总株数的 0.41%，分布地类为其他用地的株数 15 株，占总株数的 2.05%。镇康县各乡（镇）古茶树资源不同分布地类统计见表 9-7，详见附表 7。

表9-7　镇康县各乡（镇）古茶树资源不同分布地类统计表统计　　单位：亩、株

乡（镇）	分布地类	块状			单株		
		计	野生型	栽培型	计	野生型	栽培型
合计	计	5522.79	867.94	4654.85	732	132	600
	耕地	1378.09	15.83	1362.26	251	11	240
	园地	2580.19	15.32	2564.87	420	85	335
	林地	1.08		1.08	43	32	11
	草地	881.14	657.53	223.61	3	1	2
	其他用地	682.29	179.26	503.03	15	3	12
凤尾镇	其他用地	539.78	178.44	361.34			
	园地	125.92	1.28	124.64	13	4	9
军赛乡	草地				3	1	2
	耕地	2.08		2.08	31	5	26
	林地				25	15	10
	其他用地				15	3	12
	园地	0.85		0.85	12	1	11
忙丙乡	耕地				32		32
	林地	49.52	49.52		16	16	
	园地	1573.01		1573.01	51		51
勐堆乡	耕地				1		11
	林地	610.63	603.87	6.76	1	1	
	其他用地	142.51	0.82	141.69			
	园地	1.04		1.04	37		37
勐捧镇	耕地	1351.46		1351.46	3		3
	草地	1.08		1.08			
	林地	202.44		202.44	1		1
	园地	854.39		854.39	1		1
木场乡	耕地	20.71	15.83	4.88	72	5	67
	园地	14.04	14.04	0	306	80	226
南伞镇	耕地	3.84		3.84	101		101
	林地	18.55	4.14	14.41			
	园地	10.94		10.94			

六、群落结构与植被类型

镇康县古茶树群落面积共5522.79亩，1019949株。按群落结构分：单层林面积3439.99亩，707473株，分别占古茶树群落面积、株数的62.29%和69.36%；复层林面

积 2082.8 亩，312476 株，分别占古茶树群落面积、株数的 37.71% 和 30.64%。

按植被类型分：自然植被型面积 4127.39 亩，759272 株，分别占古茶群落面积、株数的 74.73% 和 74.44%；人工植被面积 1395.4 亩，260677 株，分别占古茶群落面积、株数的 25.27% 和 25.56%。自然植被中共涉及 2 个植被型，分别为常绿阔叶林和稀树灌木草丛。其中常绿阔叶林面积 4097.52 亩，757199 株，分别占自然植被面积、株数的 99.28% 和 99.73%；稀树灌木草丛面积 29.87 亩，2073 株，分别占自然植被面积、株数的 0.72% 和 0.27%。镇康县古茶树资源群落结构与植被类型按面积株数统计情况见表9-8。

表 9-8　镇康县古茶树资源群落结构与植被类型按面积株数统计表　统计单位：亩、株

属性	植被类型	合计		单层林		复层林	
		面积	株树	面积	株树	面积	株树
小计		5522.79	1019949	3439.99	707473	2082.8	312476
自然植被	常绿阔叶林	4097.52	757199	3439.99	707473	657.53	49726
	稀树灌木草丛	29.87	2073			29.87	2073
人工植被		1395.4	260677			1395.4	260677

第三节　古茶树种质资源

一、野生型古茶树种质资源

镇康县野生型古茶树群落面积 867.94 亩，茶种为大理茶（C.taliensis）。按野生茶树生长的生境（地类）分：生长于有林地的野生茶（野生有林）面积 658.35 亩，占 75.85%；生长于园地的野生茶（野生园地）面积 31.15 亩，占 3.59%；生长于其他地类的野生茶（野生园地）面积 178.44 亩，占 20.56%。

镇康这块热土千百年来属边远国土疆域，人口稀少，过去当地居民祖先活动范围仅限河谷坝子或古道隘口附近，大面积森林仍处在原始生态环境，保存下了大量古稀植物原始祖先，野生茶树就是其中幸存之一。野生茶群落主要分布有：三台山茶叶箐古茶树群落、绿荫塘野生茶群落、忙丙岔路寨野生茶树群落、大坝背阴山古茶树群落、竹瓦蚌孔古茶树群落、彭木山包包寨古茶树群落等。代表性植株有：背荫山 17、18 号古茶树，野生古茶树，大理茶（C.taliensis）。

二、栽培型古茶树种质资源

镇康县栽培型古茶园面积 4654.85 亩，主要栽培种为普洱茶。按生长的生境（地类）分：生长于有林地的栽培茶（栽培有林）面积 216.85 亩，占 4.66%；生长于园地的栽培茶（栽培园地）面积 3933.89 亩，占 84.51%；生长于草地的栽培茶树（栽培草地）面积 1.08 亩，占 0.02%；生长于其他地类的栽培茶树（栽培其他）面积 503.03 亩，占 10.81%。

镇康种茶历史悠久，人工栽培古茶树随处可见，较大规模种植始于近代，现存栽培古茶园约 4 千亩。据《镇康县志》记载，清宣统二年（1910），从勐库引进茶种，茶叶种植开始推广。民国二十四年（1935），茶叶生产进入初盛时期。1981 年 11 月，中国农业科学院茶叶研究所和云南农科院茶叶研究所，在镇康进行茶树品种资源征集考察，共发现茶树原生、野生近缘资源 9 个。经中山大学植物分类专家张宏达教授和中国茶叶研究所、云南茶叶研究所共同鉴定，分属于 3 个茶类 5 个种，即：第二大系的大理茶（镇康俗称大山茶或大树茶）、滇缅茶（也称伊洛瓦底茶），第三系的勐腊茶新种，第四系的中国小叶茶和普洱茶。代表性植株有：包包寨村 1 号古茶树，栽培古茶树，普洱茶种（C.sinensis var assamica）；包包寨村 2 号古茶树，栽培古茶树，大理茶种（C.taliensis）；绿荫塘村 8 号古茶树，栽培古茶树，滇缅茶（C.irrawadiensis）；绿荫塘村 12、14 号古茶树，栽培古茶树，大理茶（C.taliensis）；岔路寨 1 号古茶树，栽培古茶树，大理茶（C.taliensis）；岔路寨 2、3、4 号古茶树，栽培古茶树，普洱茶（C.sinensis var assamica）；岔路寨 15 号古茶树，栽培古茶树，滇缅茶（C.irrawadiensis）。

第四节　古茶名山状况

一、镇康勐捧镇古茶园

勐捧镇属镇康县边境乡镇之一，位于镇康县东北部，地理坐标为东经 90°43′33″～99°09′30″，北纬 23°04′29″～24°15′23″之间。距县城南伞 47 公里，东连永德县，南连勐堆乡，西与缅甸红岩接壤，有国境线 21 公里，北与保山市龙陵县隔江相望，是中、缅两国，保山、临沧两市，龙陵、永德、镇康三县的交接地段，镇内居住着汉、佤、苗、彝、傣、傈僳等 13 个民族。辖区内高山河谷相间，地势东高西低，最高海拔 2680 米（石竹林山），最低海拔 500 米（怒江边大沙坝），海拔相对高差 2180 米，属低山窄谷地貌。年均气温 8.2℃，年降雨量 1620 毫米，立体气候显著，光热资源丰富，雨量充沛，日照充足，全年无霜，属南亚热带季风气候。勐捧镇古茶树资源以三台山茶叶箐野生茶树群落为代表，主要分布于根基、蒿子坝、大窝铺、转角箐、南梳坝、实竹林山、酸格林、岔沟蒿子坝、白虎山、新寨坝、包包寨等村。

二、镇康木场乡古茶园

木场乡地处镇康县城东南部，南汀河北岸，乡境位于镇康、永德、耿马三县五乡（镇）交界处，东连镇康军赛乡，南及耿马孟定镇，西与镇康南伞军弄相接，北与永德德党明朗相毗邻。地形东南低，西北高，最高海拔 2978 米，最低海拔 710 米，最低气温零下 1℃，最高气温 35.8℃，年平均气温 18.9℃，无霜期 302 天，年平均降雨量 1800 毫米。木场乡古茶树资源以绿荫塘野生茶群落为代表，主要分布在绿荫塘、野马塘、芭焦箐、甘塘后山、大山头、茶山、新寨、龙塘、树根寨、蕨坝、黑河、大伙房、雪竹林大山等范围内。

三、镇康芒丙乡古茶园

忙丙乡位于镇康县城东部，东和东北与永德县德党镇接壤，南与木场乡毗邻，西与凤尾镇相连，北与勐捧镇相接。境内最高海拔 2535 米，最低海拔 850 米。年平均气温 23℃，年平均降雨量 1200 至 2300 毫米。忙丙乡古茶园主要分布在马鞍山村委会，属汉佤杂居区，平均海拔 1400 米，该村 1913 年引进双江勐库大叶种茶，现有茶园 3200 亩，茶叶产量 160 吨。忙丙茶毛条索紧结显毫，带有茸毛，汤色明亮，香气高爽。

四、镇康凤尾镇古茶园

凤尾镇位于镇康县中部，东经 98°41′23″ ～ 90°22′39″，北纬 29°31′15″ ～ 34°05′32″，东与忙丙乡、木场乡接壤，南与南伞镇相接，西与勐堆乡相连，北与勐捧镇相依，东西最大横距 16.7 公里，南北纵距 19 公里。镇内居住着汉、彝、佤、傣、布朗、回、白、德昂等 11 个民族，辖区地处低纬度山区，南临近北回归线，雨量充沛、日照充足、霜期短、寒暑明显。年平均日照时数 1936.8 小时，年平均气温 18.9℃。年均无霜期 335 天，年平均降雨量 1500 毫米，形成内陆亚热气候和高山气候交错，具有明显的立体气候特征。凤尾镇古茶树资源多为野生茶树，主要分布在凤尾镇大坝村，野生茶树零星分布在国有林中，常年被当地农民采摘。

附　录

附录一

云南省古茶树资源调查技术规程

前　言

本规程由云南省林业和草原局提出并归口。

本规程负责起草单位：云南省林业调查规划院。

本规程主要起草人：徐伦先、温庆忠、曹顺伟、邹光启、秋新选、陶晶、祁福云、
向如武、贺佳飞、杨华、张传光

1. 范围

本规程规定了古茶树资源调查的术语和定义、总则、调查因子及划分标准、调查区
划、村庄调查、茶马古道和茶品牌调查、经营管理调查、质量检查、成果编制及资料提
交等技术规定。

本规程适用于古茶树群落、单株古茶树、野生茶树群落调查工作。

2. 规范性引用文件

LY/T 1820 野生植物资源调查技术规程；

LY/T 2738 古树名木普查技术规范；

LY/T 2737 古树名木鉴定规范；

TD/T 1055 第三次全国国土调查技术规程；

《云南省古茶树（园）资源调查操作细则》（云南省林业厅、FCCDP 办公室，2006
年 12 月）；

《云南省森林资源规划设计调查操作细则（2013 年修订）》（云南省林业厅，2013 年
12 月）；

《云南省人民政府办公厅关于加强古茶树资源保护管理的通知》（云政办发［2005］
94 号）；

云南省打造世界一流"绿色食品牌"工作领导小组办公室关于印发《云茶产业发展

"八抓"工作推进方案》的通知（云绿办［2019］11 号）；

《云南省自然资源厅云南省农业农村厅云南省林业和草原局关于保护好古茶山和古茶树资源的意见》（云自然资［2019］127 号）；

《云南省人民政府办公厅关于印发云南省茶产业发展行动方案的通知》；

《关于省委全面深化改革委员会第四次会议决定有关重要事项任务分解的函》（［2019］—06 号）；

《云南省自然资源厅云南省农业农村厅云南省林业和草原局关于印发＜云南省加强古茶树（园）资源保护实施方案＞的通知》（云自然资［2019］143 号）；

《云南省林业和草原局云南省自然资源厅云南省农业农村厅关于开展古茶树（园）资源联合调查的通知》（云林联发［2019］24 号）。

3. 术语和定义

下列术语和定义适用于本规程。

茶树 tea trees

传统采叶制茶的山茶科 (Theaceae) 山茶属 (Camellia) 茶组 (Sect. Thea) 植物。

群落 communities

某一空间或一定的环境条件下生物种群（同种生物个体的集合体）有规律的组合。

古茶树 ancient tea trees

树龄 ≥ 100 年的茶树或地径 ≥ 15cm。

4. 总则

4.1 目的及意义

4.1.1 目的

查清古茶树（园）资源底数、保护利用现状，建立数据库，收集古茶树（园）涉及村庄社会经济情况和茶产品、茶文化等情况资料。

4.1.2 意义

为开展古茶树（园）保护利用规划，编制古茶树（园）国土空间规划和划定管理保护区域等提供科学依据。对指导开展古茶树（园）科学保护和合理利用，促进云南茶产业及其相关产业质量提升，促进边疆繁荣稳定，打造世界一流"绿色食品牌"具有十分重要的意义。

4.2 对象及内容

4.2.1 对象

野生茶树群落、栽培古茶树群落和单株古茶树。

4.2.2 内容

（1）查清群落组成、面积（株数）、分布及生长情况；

（2）查清权属、茶种、起源、树高、地径、树龄、冠幅及其生长的自然生态环境，及茶产量和经济效益等；

（3）通过采集野生古茶树、栽培型古茶树的标本，进行植物分类鉴定，摸清云南茶树种质资源；

（4）调查并收集茶马古道及驿站等相关历史文化，在调查图上标识古道线路、驿站名称、现有景点及景区。

5. 调查因子及划分标准

5.1 调查对象界定

野生茶树群落：起源为天然，受人为干扰较少，连续面积 0.5 亩以上，每亩分布 5 株（丛）以上的群落。

栽培古茶树群落：起源为人工，优势茶种树龄 ≥ 100 年或地径 ≥ 15cm 的茶树，连续面积 0.5 亩以上，每亩分布 30 株（丛）以上的群落

单株古茶树：树龄 ≥ 100 年或地径 ≥ 15cm 的茶树（包括野生及栽培）和代表性（有特殊价值）单株茶树。

5.2 空间位置及管理属性

5.3 空间位置

包括县（市、区）、乡（镇、街道）、村（居委会）、小班号，GPS 坐标（WGS84 格式）、海拔，村庄，茶山（园），分布地类。

分布地类：依据国土三调地类划分耕地、园地、林地、草地、其他用地。

5.3.1 管理属性

（1）土地所有权划分为国有、集体；

（2）土地使用权划分为国有、集体、个人、其他四种；

（3）茶树所有权划分为国有、集体、个人、其他四种；

（4）茶树使用权划分为国有、集体、个人、其他四种。

（5）经营管理单位：

依据管理界线（自然保护地及其功能区界线、国有林界线、林场界线等）确定。涉及公益林的，明确茶树生长在国家一级公益林、国家二级公益林、省级及州、县级公益林区。

5.4 茶树群落分布地类

茶树群落分布地类表

一级地类（代码）	二级地类（代码）	三级地类（代码）	简写（代码）
野生茶树群落（1）	林地型野生茶群落（11）	有林型茶群落（111）	野生有林型（111）
		疏林型茶群落（112）	野生疏林型（112）
		灌木型茶群落（113）	野生灌木型（113）
野生茶树群落（1）	非林地型野生茶群落（12）	园地型茶群落（121）	野生园地型（121）
		草地型茶群落（122）	野生草地型（122）
		其他地类茶群落（123）	野生其他地型（123）
栽培古茶群落（2）	林地型栽培古茶群落（21）	有林型古茶群落（211）	栽培有林型（211）
		疏林型古茶群落（212）	栽培疏林型（212）
		灌木型古茶群落（213）	栽培灌木型（213）
	非林地型栽培古茶群落（22）	园地型茶群落（221） 草地型茶群落（222）	栽培园地型（221） 栽培草地型（222）
		其他地类群落（223）	栽培其他地型（223）

（1）野生茶树群落。包括林地型野生茶群落和非林地型野生茶群落。

①林地型野生茶群落：指林业用地分布野生茶树连续面积0.5亩以上，每亩不少于5株（丛）的群落。包括以下3类：

a.有林型茶群落：在有林地中，分布野生茶树连续面积0.5亩以上，每亩不少于5株（丛）的群落。

b.疏林型茶群落：在疏林地中，分布野生茶树连续面积0.5亩以上，每亩不少于5株（丛）的群落。

c.灌木型茶群落：在灌木林地中，分布野生茶树连续面积0.5亩以上，每亩不少于5株（丛）的群落。

②非林地型野生茶群落：指在林地以外的地类中，分布野生茶树连续面积0.5亩以上，每亩不少于5株（丛）的群落。包括以下3类：

a.园地型茶群落：在园地中，分布野生茶树连续面积0.5亩以上，每亩不少于5株（丛）的群落。

b.草地型茶群落：在草地（原）中，分布野生茶树连续面积0.5亩以上，每亩不少于5株（丛）的群落。

c.其他地类茶群落：除园地、草地（原）以外的其他地类，分布野生茶树连续面积0.5亩以上，每亩不少于5株（丛）的群落。

（2）栽培古茶群落：指林业或非林业用地分布栽培古茶树连续面积0.5亩以上，每亩不少于30株（丛）的群落。包括林地型古茶群落和非林地型古茶群落。

①林地型古茶群落包括有林型古茶群落、疏林型古茶群落、灌木型古茶群落3类：

a.有林型古茶群落：在有林地中，分布栽培古茶树连续面积0.5亩以上，平均每亩不少于30株（丛）的群落。

b. 疏林型古茶群落：在疏林地中，分布栽培古茶树连续面积在 0.5 亩以上，每亩不少于 30 株（丛）的群落。

c. 灌木型古茶群落：在灌木林地中，分布栽培古茶树连续面积 0.5 亩以上，每亩少于 30 株（丛）的群落。

②非林地栽培古茶群落：包括园地型古茶群落、草地型古茶群落、其他地类茶群落 3 类：

a. 园地型茶群落：在园地中，分布栽培古茶树连续面积 0.5 亩以上，每亩不少于 30 株（丛）的群落。

b. 草地型茶群落：在草地（原）中，分布栽培古茶树连续面积 0.5 亩以上，每亩不少于 30 株（丛）的群落。

c. 其他地类茶群落：除园地、草地（原）以外的其他地类，分布栽培古茶树连续面积 0.5 亩以上，每亩不少于 30 株（丛）的群落。

5.5 调查因子

5.5.1 茶种（变种）

目前制茶的茶种（变种）主要包括：厚轴茶 Camellia crassicolumna、秃房茶 Camellia gymnogyna、茶 Camellia sinensis、大厂茶 Camellia tachangensis、大理茶 Camellia taliensis、普洱茶 Camellia sinensis var.assamica、白毛茶 Camellia sinensis var.pubilimba 等。

5.5.2 起源

分为天然（野生）和人工（栽培）。

5.5.3 群落结构

分为单层和复层。

5.5.4 地（胸）径

地径实测距离地表 10cm 处，胸径实测树干 1.3m 处，均测树上坡方向，该位置出现畸形等生长不正常，可上下移动实测生长正常位置。

5.5.5 郁闭度（盖度）

有林型、疏林型群落为郁闭度，灌木型群落为总盖度。有林型、疏林型指小班内所有乔木树种的郁闭度，灌木型指小班内乔木树种和灌木树种的总盖度。

5.5.6 树龄

树龄超过 100 年的茶树，按如下标准进行判断：

（1）年轮实测法，测定树龄≥100 年；

（2）有明确栽培记载，栽培年限≥100 年；

（3）地径≥15cm。

5.5.7 产量（值）

5.5.8 近 3 年干茶叶（春茶、夏茶、秋茶）的产量（值）。

树冠南北、东西两个方向的长度。

5.5.9 生长势

分为强、中、弱、极弱四种。

强：茶树主干高、径生长明显，树冠枝叶和新芽极多；

中：茶树主干高、径生长一般，树冠枝叶和新芽多；

弱：茶树主干高、径生长缓慢，树冠枝叶稀疏，新芽少；

极弱：茶树主干高、径生长停滞，树冠枝叶极少，无新芽。

5.5.10 管护措施

分为无、有效、基本有效、无效四种。

无：没有制定措施；

有效：制定了管护措施，措施可操作性强，管护效果好；

基本有效：制定了管护措施，措施具有一定的可操作性，管护效果一般；

无效：制定了管护措施，可操作性差且不落实，管护效果不好。

5.5.11 保护程度

分为完好、较好、破坏轻微、破坏严重四种。

完好：古茶树生长正常，主干完好，树冠自然形态完好；

较好：古茶树生长正常，主干完好，树冠自然形态较好，有弱枝、病虫害枝、枯枝；

破坏轻微：古茶树生长基本正常，主干基本完好，树冠自然形态较差，受到一定程度的病虫害或人为破坏；

破坏严重：古茶树受病虫害危害或人为破坏后，死亡或失去主杆灌木状生长。

5.5.12 立地因子

（1）海拔：群落小班按分布上限值、下限值填写。单株为树基处海拔。

（2）坡位：分为脊、上、中、下、谷、平地。

（3）坡向：分为东、南、西、北、东北、西北、东南、西南、无坡向。

（4）坡度：分为平坡（0°～5°）、缓坡（6°～15°）、斜坡（16°～25°）、陡坡（26°～35°）、急坡（36°～45°）、险坡（≥46°）六个坡度级。

（5）土壤：包括砖红壤、赤红壤、红壤、黄壤、棕壤、黄棕壤及非地带性的紫色土等。

①砖红壤

分布在热带雨林、热带季雨林地区，在云南南部和西南部边缘海拔800～900m以下的山地下部和盆地边缘，以及东南部海拔400～500m以下的谷地。

②赤红壤

性质介于砖红壤与红壤之间，其分布范围与云南南部亚热带季风常绿阔叶林大致相当，分布于热带的山地，海拔上限在西部接近1500m，向东降到1000m。

③红壤

主要分布于云南高原北纬25°两侧的广大地区，海拔上限约在2500m以下，偏东部分在2000m以下。

④黄壤

集中分布在高黎贡山西坡、滇东南多雨区的山地，滇东北部昭通市的东北部分。典型植被为山地湿性常绿阔叶林和苔藓常绿阔叶林。

⑤棕壤

暖温带湿润气候区落叶阔叶林和针叶、阔叶混交林下发育，处于硅铝化阶段并具粘化特征的土壤。

⑥黄棕壤

黄棕壤指在北亚热带落叶常绿阔叶林下，土壤经强度淋溶，呈强酸性反应，盐基不饱和的弱富铝化土壤。

⑦紫色土

为非地带性土壤，发育于紫色砂页岩母质，剖面呈紫色或紫红色，层次不明显，矿质养分含量丰富，肥力较高，省内多地有分布。

（6）土层厚度：划分薄层（＜40cm）、中层（40～79cm）、厚层（≥80cm）。

6. 调查区划

6.1 工作图及界线

6.1.1 工作图

原则上采用国土第三次调查卫星影像图。

6.1.2 界线

（1）行政界线

包括县、乡、村级界线，原则上采用国土第三次调查界线。

（2）管理界线

管理界线包括国有林界线、自然保护地及其功能区界线、森工局或林场界线、公益林界线等，采用林地资源一张图界线。

6.2 区划系统

县（市、区）——乡（镇、街道）——行政村（居委会）——小班

6.3 小班区划条件

（1）行政区划不同（县、乡、行政村）；

（2）管理界线不同（国有林界线、自然保护地及其功能区界线、森工局或林场界线、公益林界线等）；

（3）权属（土地所有权和使用权及茶树所有权和使用权）不同；

（4）茶树生长的地类不同；

（5）起源不同；

（6）郁闭（盖）度不同；

（7）优势茶种不同；

（8）植被群落名称（乔木层优势树种）不同。

6.4 小班调查

6.4.1 小班区划

依据茶树分布群落植被特征，借助专业知识和相关的调查研究成果，分析、推断调查区内茶树分布的状况，初步区划茶树群落小班边界。沿垂直和水平方向设置 2 条踏查线路，并穿越整个小班，调查小班内古茶树基本状况，修正小班边界。

6.4.2 小班编号

依据小班中心位置高低，从北向南，从西向东顺序编号。

6.4.3 调查内容

（1）小班植被特征：包括群落名称、平均高、总盖度和结构。乔木层优势树种、平均高及盖度；灌木层优势种、平均高及盖度；草本层优势种、平均高及盖度。

（2）茶树因子：包括优势茶种（变种）、起源、树龄、产量（值）、地（胸）径、树高、株数/亩、郁闭（盖）度、立地因子、生长势、管护措施等。

6.4.4 调查方法

（1）植被特征

小班内选取代表性地段目测小班内各项植被因子。

（2）茶树因子

产量、产值通过访谈或标准株获得；种类、地（胸）径、树高等因子可通过小班内选取代表性地段调查而得。

6.4.5 样带调查方法

为搞清小班内茶树分布情况，每个小班内至少设置 2 条有代表性的样带，样带十字覆盖贯穿小班，样带宽 5m，长度实测。

对样带内茶树逐株实测地径和胸径、树高、干高、冠幅，调查生长势。算术平均法计算小班茶树平均地径和胸径、平均树高、每亩株数等，样带十字交叉处，茶树仅测一次。样带调查项目具体见附录 A 表 1-1。

6.4.6 产量（值）调查方法

采用以下三种方法调查茶树近 3 年（2017、2018、2019 年）干茶叶平均产量（春茶、夏茶、秋茶合计）和产值。

（1）访问法：寻找经营者或管理者了解小班、单株（丛）的年平均产茶叶数量和产值。

（2）标准株（丛）访问测算法：选择小班内代表性的茶树 1 至 3 株（丛）作为标准木，向经营者或管理者了解标准株（丛）的产茶量，再用全小班总株（丛）数乘以标准株（丛）产茶量，得全小班茶叶总产量和产值。

（3）经验判定法：根据对古茶树若干品种、树形、长势、产茶量的典型调查，积累了丰富的茶叶产量估测经验和数据，以不同的类型株（丛）产茶量乘以小班古茶树株（丛）数，推算全小班茶叶总产量和产值。

6.4.7 照片拍摄

茶树小班照片包括群落外貌、结构（茶树生长环境）、特征（茶树叶、花、果、树皮等）照片。

6.4.8 调查项目、方法和记载要求

小班调查项目具体见附录 A 表 1。

（1）位置及管理属性

①空间位置

◆县（市、区）、乡（镇、街道）、村（居委会）、小班号，所有小班均应记载。

◆ GPS 位置记载样带起止坐标，十进制，取小数后 6 位。

◆分布地类：记载耕地、园地、林地、草地、其他用地，仅记 1 种。

◆古茶小班涉及村庄、茶山（古茶园）、产品或品牌分别记载各自名称。

②管理属性

◆土地所有权划分为国有、集体；土地使用权、茶树所有权和使用权均划分为国有、集体、个人、其他四种。所有古茶小班分别填写土地所有权、土地使用权、茶树所有权和茶树使用权。

◆经营管理单位：涉及经营管理单位小班，依据管理界线（国有林界线、自然保护地及其功能区界线、森工局或林场界线等）确定。涉及公益林的，明确茶树生长在国家一级、国家二级、省级、州县级公益林区。

（2）地类和面积

◆地类：古茶小班地类记载三级地类。调查表地类简写为：野生（有、疏、灌、园、草、其他）型，栽培（有、疏、灌、园、草、其他）型。相应在简写地类打"✓"。

◆面积：单位：亩，保留 1 位小数。

（3）植被特征

◆植被类型：植被类型名称结合小班建群种或优势种按植被类型名称填写。

◆结构：有复层和单层。在相应结构处打"✓"

◆乔木层、灌木层、草本层：每层选取 2 种以上分布最多的植物种类，填写在相应优势种栏内。

（4）茶树基本情况

◆茶种（变种）：调查小班优势茶种（变种），填写中文名和拉丁名。

◆起源：填写天然、人工、萌生（茶树为伐桩萌生）其中一项。相应打"✓"

◆树龄：茶树为伐桩萌生，填写萌生树龄，单位：年，取整数。

◆胸（地）径：依据样带表算术平均法计算结果填写，单位厘米，取整数。

◆树高：依据样带表算术平均法计算结果填写，单位米，保留 1 位小数。

◆冠幅：南北 × 东西，测量树冠在地面上的垂直投影长度，仅填写样带表。单位米，取整数。

◆株（丛）数 / 亩：依据样带算术平均法计算结果填写，单位株，取整数。

◆郁闭（盖）度：按森林资源规划设计调查的方法调查和记载。郁闭度保留 2 位小数，盖度为%，取整数。

◆产量（值）：近3年（2017、2018、2019年）干茶叶平均每亩产量（春茶、夏茶、秋茶合计）、每亩产值。产量单位：kg，取整数；产值单位：元，取整数。

◆生长势：填写（强、中、弱、极弱）其中一项，相应打"✓"。

◆管护措施：填写（无、有效、基本有效、无效）其中一项，相应打"✓"。

◆保护程度：填写（完好、较好、破坏轻微、破坏严重）其中一项，相应打"✓"。

◆照片：采用1000万以上像素的数码相机或手机，照片分辨率不低于10兆，打开位置功能。照片每个主题（外貌、结构、特征）照片不少于2张。照片命名：XX村XX小班＋主题（外貌、结构、特征照）。

◆古茶标本编号：需要鉴定茶种（变种），采摘标本，记载标本编号。

6.5 单株调查

包括单株古茶树和代表性单株茶树调查。

（1）单株古茶树调查主要针对面积株数达不到茶树群落标准的野生型、栽培型单株散生和分布于四旁的古茶树。

（2）代表性单株茶树调查针对小班内有特殊（包括科研、历史、文化、观赏、纪念意义等）价值的茶树，除小班调查外，纳入单株古茶树调查记载。

6.5.1 调查内容

调查因子包括茶树空间位置、管理属性、种（变种）、年龄、枝下高、树高、胸（地）径、冠幅、茶叶产量（值）、生长势、管护措施、保护程度等。

6.5.2 照片拍摄

照片每个主题（外貌、结构、特征照）照片不少于1张。照片命名：XX乡（镇）XX村XX号古茶树＋拍摄主题。

6.5.3 记载项目和要求

单株调查项目具体见附录A表2。

单株茶树除小班编号、枝下高、冠幅、特殊价值说明外，其他同6.4.8。

◆枝下高：茶树第一个分枝（活枝）以下树干高，单位米，取1位小数。

◆冠幅：包括平均冠幅、南北和东西冠幅。单位米，取整数。

◆小班编号：小班特殊茶树所在小班号。若同小班有1株以上，编号形式为：小班号—样木号。如某村5小班有3株，分别编号为5-1，5-2，5-3。

◆特殊价值说明（限300字）：部分具有科研、历史、文化、观赏、纪念意义等特殊价值单株茶树，收集相关资料并简要说明，300字以内。

6.6 标本采集和制作

6.6.1 标本采集

对于不能准确识别或鉴定的采集标本。标本要求有代表性和典型性，无病虫害，带花或果的枝条，长度为25～30cm，采集同时在标本上挂上标签，做好记录。

标本要记载小班号、样带号（单株记载采集地点）、GPS坐标、海拔、植株情况、时间、采集人等。

6.6.2 标本的制作

（1）用具（品）：枝剪、小锹、标本夹、标签、吸水纸、台纸、线、胶水等。

（2）整理：将采集的标本放在吸水纸上，使其枝叶舒展，保持自然状态，叶要有反有正，植株长度超过 30cm 时，可将其弯成 V、N 或 W 形。

（3）压平、干燥：在标本夹上每铺放几层吸水纸，放一份标本，然后将标本用绳子捆紧，放置通风处，为加速标本干燥，每天应及时换纸，使其彻底干燥。

7. 村庄调查

7.1 范围及内容

（1）范围：与茶树相关村庄。

（2）内容：包括村庄名称、古茶山（园）名称、户数、人口、民族（主体民族）、住户分布（集中和分散）、村庄中心坐标、村庄规划（是否批复）、特色茶文化、建设管理现状、存在主要问题等内容。

7.2 调查方法

调查古茶树（主要是栽培型）拥有所有权或使用权的自然村，收集自然村基本情况、与茶相关的节庆及习俗文化、民俗文化等资料，填写调查内容。村庄调查项目具体见附录 A 表 3。

8. 茶马古道及茶品牌调查

8.1 茶马古道调查

8.1.1 调查内容

包括构成茶马古道线路的遗迹、遗物、城镇、村庄、建筑、码头、驿站、桥梁、古道（如古道上的石板形成的马蹄窝）等。

8.1.2 调查方法

采用民间访谈、文献查阅、现地考察等方式，进行调查记录，在图上勾绘路线位置，并拍摄照片和视频。茶马古道调查表见附录 A 表 4。

8.2 茶品牌调查

8.2.1 调查内容

针对古茶树茶叶的加工工艺和茶产品开展调查。

茶产品调查包括品牌名、茶的品类（如绿茶、红茶、普洱茶、白茶、花茶、药茶、紧压茶、沱茶、竹筒香茶、花砖茶、青砖茶、饼茶等）、功能用途等。

茶工艺包括制作工艺、冲泡工艺等。

8.2.2 调查方法

采用民间访谈、文献查阅、现地考察等方式，进行调查记录，并拍摄照片和视频。茶品牌调查表具体见附录 A 表 5。

9. 经营管理调查

调查古茶树修枝整形、复壮、松土除草、水肥土管理、病虫害防治、上层遮荫、生态环境保护等情况；茶叶采摘与留养情况；茶树领养、租赁和承包采摘等情况；采石、挖砂、取土、违章建筑等情况。

10. 质量检查

10.1 组织方式

采取县级自检、州（市）级检查、省级复查的分级控制。

10.2 检查方法及比例

10.2.1 检查方法

使用同仪器、同调查方法。县级覆盖所有调查小组，州（市）级、省级采用随机抽取、结合典型选取的抽样方法开展检查

10.2.2 检查比例

（1）县级检查数量不限，覆盖所有调查小组。

（2）州（市）级、省级各抽取调查县（市、区）检查比例：小班不少于区划总数的 5%，单株不少于 3%。

10.3 检查主要因子

（1）小班主要因子为：区划、地类、茶种（变种）、起源、年龄、株数 6 项；

（2）单株主要因子为茶种（变种）、起源、年龄、树高、地（胸）径 5 项。

10.4 质量评定

分为合格、不合格。提交的质量检查报告需经林业和草原、自然资源、农业农村部门确认。质量管理具体要求见附录 C。

11. 成果编制及资料提交

11.1 调查成果

省级包括资源调查报告、统计表、资源分布图、数据库、质量检查报告；

州、县级包括资源调查报告、统计表、矢量图及其属性数据表、质量检查报告。

11.2 州、县级提交成果及资料

11.2.1 提交成果

（1）资源调查报告（含统计汇总表 1 至 7、资源分布图等），质量检查报告（包括州（市）、县两级检查报告）；

（2）调查表 1 至 6；

（3）录入表 1 至 4，矢量数据及属性表；

（4）国土三调行政界线（县、乡、村）及卫星影像图；

11.2.2 资料

（1）收集的古茶树保护法规、规章和制度资料；

（2）收集的茶文化、历史、传说、故事、习俗等资料；

（3）收集的茶叶传统制作、冲泡、品鉴、宣传、推广等资料；

（4）与古茶树、茶马古道、茶文化等相关图片及视频资料；

（5）古茶树经营管理相关资料。

以上资料可从农业局、茶咖局、茶叶协会、科研院所等单位收集。

11.3 资源调查报告内容

报告内容包括但不限于以下内容：

（1）前言。工作目的意义、组织领导、工作开展情况等。

（2）工作概述。依据和规范；范围、任务和目标；内容和方法；队伍组织及时间安排；质量管理；主要数据。

（3）基本情况。地理位置，自然、社会经济概况。

（4）资源情况。资源总量，包括四权、茶种、起源、树龄等按地类面积和株数；名山及景观；生长势、管理措施和保护程度等现状；资源特点与评价等。

（5）种质资源。包括野生和栽培。

（6）保护利用。古茶树保护，包括立法、设施建设、管护措施、划定保护小区、村规民约等；经营管理，包括修枝整形、复壮、松土除草、水肥管理、病虫害防治、生态环境保护，以及领养、租赁和承包采摘等；产量与产值；茶叶品牌，包括无公害、绿色、有机、地理标志、弛名商标等情况；经营主体，包括加工企业、粗制所、专业合作社等，特别是主要加工企业情况；古茶树生态旅游；科技支撑，包括种质资源收集、良种选育推广、内含物测定、产品创新等；历史文化，包括经营历史、工艺、饮茶习俗、茶马古道、古镇驿站；与古茶树相关村庄建设管理情况及存在问题等。

（7）保护利用存在问题。

（8）保护利用的对策、措施建议。

11.4 资源调查报告提纲

古茶树资源调查报告提纲具体见附录 B

附录A 调查表

表1 小班调查表

<table>
<tr>
<td rowspan="4">位置和权属</td>
<td>_____县（市、区）_____乡（镇、街道）_____</td>
</tr>
<tr>
<td>村（居委会）_____组；小地名：_____小班号：_____
分布地类：耕地 园地 林地 草地 其他用地
村庄：_____茶山（园）：_____产品或品牌：_____</td>
</tr>
<tr>
<td>土地所有权：国 集；   土地使用权：国 集 个 其；
茶树所有权：国 集 个 其；茶树使用权：国 集 个 其</td>
</tr>
<tr>
<td>管理单位（人）：_____（保护区：核心区 缓冲区 试验区；
公益林：国1级 国2级 省 州县）</td>
</tr>
<tr>
<td>地类</td>
<td>野生（有、疏、灌、园、草、其它）型，栽培（有、疏、灌、园、草、其它）型，
面积：_____</td>
</tr>
<tr>
<td rowspan="4">小班植被特征</td>
<td>植被类型_____群落高_____m总盖度_____%；结构：复层、单层</td>
</tr>
<tr>
<td>乔木层高_____m盖度_____% 优势种：_____</td>
</tr>
<tr>
<td>灌木层高_____m盖度_____% 优势种：_____</td>
</tr>
<tr>
<td>草本层高_____m盖度_____% 优势种：_____</td>
</tr>
<tr>
<td rowspan="6">古茶树基本情况</td>
<td>茶种（变种）_____拉丁名_____；起源：天然（萌生）人工（萌生）</td>
</tr>
<tr>
<td>树龄：____年，萌生树龄____年；每亩产量：____kg(春茶____kg夏茶____kg
秋茶____kg)；每亩产值_____元</td>
</tr>
<tr>
<td>地径____厘米；胸径____厘米；树高____米；____株数/亩；郁闭（盖）度：_____</td>
</tr>
<tr>
<td>海拔_____米；坡向_____；坡度_____度；坡位_____部
土壤类型：_____土壤厚度：_____</td>
</tr>
<tr>
<td>生长势：强 中 弱 极弱；管护措施：无 有效 基本有效 无效；
保护程度：完好 较好 破坏轻微 破坏严重</td>
</tr>
<tr>
<td></td>
</tr>
<tr>
<td>其他</td>
<td>照片编号：_____；标本编号：_____</td>
</tr>
</table>

调查者：_____调查日期：____年___月___日；审核人：_____

表 1-1 古茶树样带调查表

_____村（居委会）；小班号：_____；样带号：_____；

面积：<u>5×_____</u>

起点 GPS 位置 X_____ Y_____

终点 GPS 位置 X_____ Y_____

编号	茶种（变种）	地径（cm）	胸径（cm）	树高（m）	干高（m）	冠幅（m²）	生长势	备注

调查者：_____调查日期：_____年____月____日；审核人：_____

表2 单株古茶树调查表

小班编号：_____；茶树编号_____；代表单株：（是 否）

位置和权属	_____县（市、区_____乡(镇、街道)_____村(居委会)_____组； 小地名：_____GPS X_____Y_____； 生长场所：耕地 园地 林地 草地 其他用地； 村庄：_____茶山（园）：_____产品名称：_____
	经营管理单位（人）：_____（保护区：核心区 缓冲区 实验区； 公益林：国1级 国2级 省 州县）
	土地所有权：国 集；茶树使用权：国 集 个 其
茶种	茶种（变种）：_____拉丁名_____ 起源：天然、天然萌生；人工、人工萌生
测树因子	地径_____厘米；胸径_____厘米；枝下高_____；树高_____米； 冠幅：南北_____米；东西_____米
	树龄：_____年，萌生树龄_____年
	产量：_____kg(春茶_____kg夏茶_____kg秋茶_____kg)；产值_____元
立地条件	海拔_____米；坡向_____；坡度_____； 坡位_____；土壤类型：_____土壤厚度：_____
生长状况	生长势：强 中 弱 极弱；管护措施：无 有效 基本有效 无效； 保护程度：完好 较好 破坏轻微 破坏严重
特殊价值说明（限300字）	
其他	照片编号：_____标本编号：_____

调查者：_____调查日期：____年____月____日；审核人：_____

表3 村庄调查表

_____州（市）_____县（市、区）_____乡（镇）；单位：户、人、公里

序号	村民委	自然村	茶山	古茶（园）	户数（户）	人口（人）	民族	住户分布	坐标		村庄规划	特色茶文化	管理现状	存在问题	备注
									X	Y					

调查者_____调查日期_____年____月____日

填表说明：1. 茶山名称：指调查村庄所处的古茶山名称，如老乌山、南糯山、倚邦、冰岛，若不属于公认的古茶山，则不需填；

    2. 茶园名称：指调查村庄所处的具体古茶园名称；

    3. 村庄坐标：村庄中心点坐标；建设管理现状：好、一般、差；

    4. 特色茶文化：特别的制茶工艺、饮茶习俗、茶艺；

    5. 存在主要问题：如布局凌乱、环境脏乱差、绿化差、交通路况差等。

表4　茶产品调查表

产品（品牌）名称：	
提供照片数量：	
调查地区（地点）：	
茶的品类：	
茶工艺：	
其他说明：	

表5　茶马古道调查表

图标位置号：_____ 照片数量_____

茶路名称：	
地点：	
调查内容描述：	
其他说明：	

附录 B　古茶树资源调查报告提纲

古茶树资源调查报告提纲

前言

第 1 章　调查工作概述

1.1 调查依据和技术规范

1.2 调查范围、任务和工作目标

1.3 调查内容和方法

1.4 调查队伍组织及外业调查时间

1.5 调查工作程序、技术路线和时间安排

1.6 调查质量管理

1.7 调查主要数据

第 2 章　调查地区基本情况

2.1 地理位置

2.2 自然条件

2.3 社会经济概况

第 3 章　古茶树资源

3.1 古茶树资源总量

插表细分到下一级统计单位（以下同）

3.2 古茶树按种类分

3.3 古茶树起源类分

3.4 古茶树按类型分

3.5 古茶树按权属分

3.6 古茶树按两类林分

3.7 古茶树群落、古茶名山与古茶树景观资源

3.8 古茶树分布海拔

3.9 古茶树分布土壤

3.10 古茶树林木生长势、枝叶茂盛程度

3.11 古茶树管理措施状况

3.12 古茶树保护程度状况

3.13 古茶树资源特点与评价

3.13.1 古茶树资源的特点

3.13.2 古茶树资源评价

第4章 古茶树种质资源及代表性植株

4.1 野生古茶树的品种资源

4.2 栽培古茶树的品种资源

第5章 古茶树资源保护利用情况

5.1 古茶树保护情况

5.2 古茶树经营管理情况

5.3 古茶树茶叶产量与产值

5.4 古茶树"三品一标"及中国弛名商标

5.5 古茶树茶叶经营主体

5.6 古茶树生态旅游

5.7 古茶树科技支掌

5.8 古茶树历史文化

5.9 古茶树相关村庄情况

报告附表：

土地所有权分地类统计表

统计表 1   单位：亩、株

统计单位	土地所有权	块状								单株		
		合计	野生型				栽培型				合计	野生	栽培
			小计	有林型	疏林型	…	小计	有林型	疏林型	…			
XXX县	合计												
	国有												
	集体												
XXX乡1	小计												
	国有												
	集体												
XXX村1	计												
	国有												
	集体												

第6章 古茶树资源保护管理存在的问题

第7章 古茶树资源保护和合理利用的对策、措施建议

茶树所有权分地类面积统计表

统计表2　　　　　　　　　　　　　　　　　　　　　　　单位：亩、株

统计单位	茶树所有权	块状									单株		
		面积合计	野生型				栽培型				合计	野生	栽培
			小计	有林型	疏林型	……	小计	有林型	疏林型	……			
XXX县	合计												
	国有												
	集体												
	个人												
	其他												
XXX乡1	小计												
	国有												
	集体												
	个人												
	其他												
XXX村1	计												
	国有												
	集体												
	个人												
	其他												

茶树使用权分地类面积统计表

统计表 3

单位：亩、株

统计单位	茶树使用权	块状									单株		
		合计	野生型				栽培型				合计	野生	栽培
			小计	有林型	疏林型	……	小计	有林型	疏林型	……			
XXX县	合计												
	国有												
	集体												
	个人												
	其他												
XXX乡1	小计												
	国有												
	集体												
	个人												
	其他												
XXX村1	计												
	国有												
	集体												
	个人												
	其他												

茶种分地类面积统计表

统计表 4   单位：亩、株

统计单位	茶树使用权	块状									单株		
		合计	野生型				栽培型				合计	野生	栽培
			小计	有林型	疏林型	……	小计	有林型	疏林型	……			
XXX 县	合计												
	茶种 1												
	茶种 2												
	……												
XXX 乡 1	小计												
	茶种 1												
	茶种 2												
	……												
XXX 村 1	计												
	茶种 1												
	茶种 2												
	……												

年龄级分地类面积统计表

统计表 5   单位：亩、株

统计单位	年龄级	块状									单株		
		合计	野生型				栽培型				合计	野生	栽培
			小计	有林型	疏林型	……	小计	有林型	疏林型	……			
XXX 县	合计												
	≤99												
	100～299												
	300～499												
	≥500												
XXX 乡 1	小计												
	≤99												
	100～299												
	300～499												
	≥500												
XXX 村 1	计												
	≤99												
	100～299												
	300～499												
	≥500												

年龄级分地类株数统计表

统计表6　　　　　　　　　　　　　　　　　　　　　　　　　　　　　　单位：株

统计单位	年龄级	株数合计	块状								单株		
			计	野生型				栽培型			计	野生	栽培
				小计	有林型	疏林型	……	小计	有林型	疏林型	……			
XXX县	合计													
	≤99													
	100～299													
	300～499													
	≥500													
XXX乡1	小计													
	≤99													
	100～299													
	300～499													
	≥500													
XXX村1	计													
	≤99													
	100～299													
	300～499													
	≥500													

年龄级分地类株数统计表

统计表 7 单位：亩、株

统计单位	分布地类	块状									单株		
		野生型				栽培型						
		合计	小计	有林型	疏林型	……	小计	有林型	疏林型	……	合计	野生	栽培
XXX 县	合计												
	耕地												
	园地												
	林地												
	草地												
	其他用地												
XXX 乡 1	小计												
	耕地												
	园地												
	林地												
	草地												
	其他用地												
XXX 村 1	计												
	耕地												
	园地												
	林地												
	草地												
	其他用地												

附录 C 云南省古茶树资源调查质量管理办法

古茶树质量调查实行分级控制制度，采取县级自检、州（市）级检查、省级复查的质量分级控制制度。

一、组织方式

实行分级检查。

1. 县级自检由县级林业和草原、自然资源、农业农村部门组织，负责本县古茶树资源调查成果质量的自检工作，编制县级质量检查报告。

2. 州（市）级林业和草原、自然资源、农业农村部门作为责任单位，负责本州（市）各县古茶树资源调查成果质量的检查工作，编制州（市）质量检查报告。

3. 省级复查由省林业和草原局、自然资源厅、农业农村厅组织、负责本省各州（市）级古茶树资源调查成果质量抽查，编制省级质量检查报告。

二、检查方法

古茶树资源调查质量检查以现地检查为主，对现地调查资料进行重点检查，并对收集的资料进行全面核查，将检查发现的问题反馈给被检查单位。被检查单位对相应成果资料修改完善后，再次提交检查，直至检查合格，方可对调查成果进行验收。

1. 县级检查人员对调查工作进行质量跟踪检查，将好的做法和存在的问题及时反馈调查小组。检查数量不限，但必须覆盖所有调查小组。

2. 州（市）级质量检查组，在外业调查工作进入中、后期时，采用随机抽取、结合典型选取的抽样方法，开展质量检查，并将检查结果形成质量检查报告作为调查报告的附件。检查以调查组为单元，各县（市、区）检查数量不少于区划小班总数的 5%，单株检查数量不少于 3%。

3. 省级检查组在外业调查工作接近尾声时，采用随机抽取、结合典型选取的原则抽取检查。检查以调查组为单元，各县（市、区）检查数量不少于区划小班总数的 5%，单株检查数量不少于 3%。

三、检查内容

（一）检查内容

检查内容主要包括：权属（所有权和使用权）、地类、茶种（变种）、起源、年龄、树高、地径（胸径）、茶树分布类型、群落结构、郁闭度（覆盖度）、茶树株（丛）数、茶叶产量、冠幅、生长势、管护措施、保护程度、鉴定标本、茶品牌、照片（视频）等。

（二）检查要求

1. 检查古茶树外业区划、调查内容的准确性，记录卡片的完整性；

2. 检查标本采集、照片及视频是否完整和符合要求；

3. 收集的资料是否齐全。

四、质量评定

（一）茶树外业区划调查质量评定

1. 小班（含单株）调查质量评定

（1）主要因子均合格，且其余因子合格数≥80%的小班质量评定为合格。说明：小班检查的主要因子为区划、地类、茶种（变种）、起源、年龄、株数等6项，单株主要因子为茶种（变种）、起源、年龄、树高、胸径（地径）等5项；对于不认识的茶树树种、变种（品种），如果采集了符合要求的标本，可认定为合格，否则，视为该因子错误。

（2）主要因子有一项不合格，小班质量评定为不合格。

（3）主要因子均合格，但其余因子合格数＜80%的小班质量评定为不合格。

（4）小班区划时，存在错划或漏划的小班视为不合格小班。

2. 调查组质量评定

（1）调查组质量评定分合格不合格两个等级。

（2）小班合格率≥80%的调查组质量评定为合格。

小班合格率＝（合格小班数÷检查小班数）×100%

（3）单株合格率≥80%的调查组质量评定为合格。

单株合格率＝（合格单株数÷检查单株数）×100%

（4）某一调查组检查质量被评定为不合格的，扩大检查数量，扩大检查小班或单株的数量不少于原抽查量的50%（加大检查的小班或单株不纳入评质），若仍不合格者，责成调查组全部返工。

3. 县级质量评定

县级质量评定根据全县各调查组的检查情况进行汇总计算：

（1）全县小班合格率＝（∑合格小班数÷∑检查小班数）×100%

（2）全县单株合格率＝（∑合格单株数÷∑检查单株数）×100%

（3）全县综合合格率＝小班合格率×70%+单株调查合格率×30%

（二）收集资料的检查评定

对于收集的资料，检查人员要全部审查，不符合要求的资料，要责成调查人员重新收集。

对于检查不合格的，检查者应根据调查计划安排及检查修改的工作量，限定修改完成时间；被检查者应按要求认真修改，修改完成后再履行检查程序，直至合格后为止。

各级提交的检查报告，由林业和草原、自然资源、农业农村部门确定盖章。

云南省林业和草原局

云南省自然资源厅

云南省农业农村厅

二零一九年十月

《云南省古茶树资源调查技术规程》
专家评审意见

2019 年 10 月 18 日，云南省林业和草原局主持召开了《云南省吉茶树资潭调查技术规程》(以下简称《技术规程》) 专家评审会。会议邀请了中国科学院昆明植物研究所、西南林业大学、云南省林业和草原科学院、云南省农业科学院等单位相关专家，会议听取了《技术规程》编制单位的情况汇报，与会专家对技术规程进行了认真审议，形成如下意见：

一、《技术规程》的制定为云南省各地开展古茶树资源调查提供统一的规范和标准依据，指导云南省各地开展古茶树资源调查、摸清资源家底、建立数据库，为国土空间规划、古茶树保护利用规划提供基础支撑。

二、《技术规程》规定了古茶树资源调查对象、调查方法以及调查内容。井对调查区划、小驻区划调查、吉茶树单株调查、村庄调查、茶马古道和茶品牌调查、经营管理调查、质量检查、成果编制及资料提供等方面做出了具体的规定和要求，具有规范性和可操作性。

三、《技术规程》规定的调查内容涵盖了古茶树分布区域与管理属性，群落桂被特征、茶树特征因子、立地条件等自然属性，以及保护利用情况、茶文化、茶产品等方面，提出了细致、全面、统一的调查方法和要求。

综上所述，专家组一致认为该技术规程理论依据充分，技术方法科学，建议按专家提出意见和建议修改完善后印发实施。

组长：（签名）
2019 年 10 月 18 日

（签名）

云南省古茶资源调查技术规程评审会专家名单

姓名	单位	职务/职称	签名
谢立山	中国科学院昆明植物研究所	高级实验师	*谢立山*
何青元	云南省农业科学院茶叶研究所	研究员	*何青元*
蓝增全	西南林业大学	教授	*蓝增全*
杨文忠	云南省林业和草原科学院	研究员	*杨文忠*
王庆华	云南省林业和草原科学院	高级工程师	*王庆华*

云南省林业和草原局
云南省自然资源厅 文件
云南省农业农村厅

云林联发〔2019〕24 号

云南省林业和草原局云南省自然资源厅云南省农业农村厅关于开展古茶树（园）资源联合调查的通知

各州市林业和草原局、自然资源局、农业农村局：

为认真贯和《云南省人民政府关于推进云茶产业绿色发展的意见》（云改发〔2018〕63 号）和省委全面深化改革委员会第四次会议精神，落实《云南省加强古茶树（园）资源保护实施方案》（云自然资〔2019〕143 号）要求，省林业和草原局、省自然资源厅、省农业农村厅决定组织开展古茶树（园）资源和保护现状联合调查，现将有关事宜通知如下：

一、调查目的

进一步摸清古茶树资源底数和保护现状，为划定古茶树（园）管理保护区域，编制国土空间规划和古茶树（国）保护利用专项规划，有效开展古茶树（园）资源保护工作等提供科学依据。

二、调查对象和内容

（一）调查对象。以县域为单元，涉及自然保护区的按行政区域列入所在县，作为独立单位统计。对象为集中连片分布的古茶树区域、资源利用悠久或具有代表性的古茶树单株。

（二）调查内容。古茶树（园）资源面积、株树、名称、地理位置等矢量及属性数据；古茶树（园）资源周边的村庄数量、特征及规划编制、建设和管理现状；各地各级政府制定的古茶树（园）保护法规、规章和制度；已划定的古茶树保护范围、名称位置，保护标志设立情况；现有茶文化、茶工艺、茶品牌、古茶树（园）、古驿道等研究成果。

三、工作组织和时间安排

（一）基础数据调查整理阶段（10月1日～10月31日）：各县级林业和草原局牵头，主动争取地方党委，政府支持，积极协调自然资源、农业农村等茶产业管理相关部门或单位，收集整理辖区内现有调查资料和资源线索，并根据资料收集情况对辖区内古茶树（园）资源开展必要的补充调查（技术规程随后下发），补充调查期间，如有需要，可申请省林草局专业技术人员协助培训和技术指导。对拟纳入保护规划范围的资源数据，经林草、自然资源、农业农村三部门审核形成统一材料上报。各州、市林草局汇总后提交省林草局。

（二）实地复核阶段（11月1日～11月20日）：由省林草局牵头组建专业调查队伍，对提交的资源数据分析核对后进行复核。州（市）、县（市、区）两级相关部门或单位抽调专职人员予以配合。

（三）资源数据确认阶段（11月21日～11月30日）：调查数据成果反馈各地方政府进行确认。

四、工作要求

各级林业和草原、自然资源、农业农村部门要高度重视，压实责任，密切配合，按时按量完成各项工作任务。各级林业和草原部门牵头商自然资源、农业农村部门建立三部门联合工作维，明确责任人，州、市林草局指定工作责任人和联络员，名单于10月9日前报省林草局。

附件：古茶树资源联合调查负责人和联络员名单回执

云南省林业和草原局　　云南省自然资源厅　　云南省农业农村厅

（联系人及电话：张传光，0871-65015050，65011447（传真），
邮箱 bhedzwz_217@163c.om，技术支撑单位　刘国龙，18988277936，
邮箱 719886895@qq.com）

附件：

古茶树资源联合调查负责人和联络员名单回执

	姓名	单位	职务	联系电话
负责人				
联络员				

附录二
临沧市古茶树保护条例

临沧市人民代表大会常务委员会公告
第 11 号

《临沧市古茶树保护条例》于 2016 年 8 月 30 日临沧市第三届人民代表大会常务委员会第十九次会议通过，并于 2016 年 9 月 29 日云南省第十二届人民代表大会常务委员会第二十九次会议批准，现予公布，自 2016 年 12 月 1 日起施行。

临沧市人大常委会

2016 年 10 月 14 日

临沧市古茶树保护条例

（2016 年 8 月 30 日临沧市第三届人民代表大会常务委员会第十九次会议通过 2016 年 9 月 29 日云南省第十二届人民代表大会常务委员会第二十九次会议批准）

第一章 总 则

第一条 为了有效保护古茶树资源，规范古茶树的管理活动，促进古茶树资源持续利用，根据有关法律、法规，结合本市实际，制定本条例。

第二条 本条例所称古茶树是指本市行政区域内的野生茶树和树龄在一百年以上的栽培型茶树。

栽培型古茶树由县（区）人民政府组织专家认定，报市人民政府批准公布。

第三条 在本市行政区域内从事古茶树保护、管理和利用活动的公民、法人和其他组织，应当遵守本条例。

第四条 古茶树保护、管理和利用应当坚持保护优先、科学管理、合理利用的原则，兼顾生态、社会和经济效益的协调发展。

第五条 市、县（区）人民政府应当将古茶树保护纳入当地国民经济和社会发展总体规划，制定古茶树保护、管理和利用专项规划。

第六条 市、县（区）林业行政部门负责本行政区域内野生茶树保护管理工作；

（一）市、县（区）茶叶管理机构负责本行政区域内栽培型古茶树保护管理工作；

（二）市、县（区）发展和改革、财政、国土资源、环境保护、农业、公安、市场监管等行政部门，应当按照各自职责做好古茶树保护管理工作；

（三）乡（镇）人民政府、街道办事处负责本行政区域内古茶树保护管理工作；

（四）村（居）民委员会、村民小组协助做好辖区内古茶树保护管理工作。村民委员会可以制定村规民约保护古茶树；

（五）古茶树所有者、经营者有保护管理古茶树的责任和义务。

第七条 公民、法人和其他组织有权对破坏古茶树的行为进行举报。

第八条 市、县（区）人民政府应当设立古茶树保护专项资金，列入年度财政预算，用于古茶树保护、管理和利用。

第九条 市、县（区）人民政府应当建立古茶树保护管理补偿机制。

第二章　古茶树保护和管理

第十条　古茶树保护实行园区界定保护、单株挂牌保护和分类分级保护。

（一）县（区）内的古茶树保护园区和实行单株挂牌保护的古茶树，由县（区）人民政府确认，报市人民政府批准公布或者撤销；

（二）跨县（区）的古茶树保护园区，由市林业行政部门、市茶叶管理机构会同有关县（区）人民政府确认，报市人民政府批准公布或者撤销；

（三）古茶树分类分级保护分别由市林业行政部门、市茶叶管理机构确认。

第十一条　古茶树保护标识由市林业行政部门、茶叶管理机构设计，由县（区）人民政府统一制作和设立。

第十二条　市、县（区）人民政府在古茶树保护管理中具有下列职责：

（一）开展古茶树保护管理法律法规的宣传和检查；

（二）保护和改善古茶树生长的生态环境；

（三）规划建设古茶树保护管理基础设施；

（四）开展古茶树保护管理和利用相关技术培训；

（五）有计划地迁出古茶园内影响古茶树生长环境的居住户、加工厂和其他建筑物。

第十三条　市、县（区）人民政府应当建立古茶树数据库、档案库、产品实物库，建立古茶树种质资源繁育基地。

第十四条　市、县（区）人民政府应当鼓励和支持古茶树所有者、经营者在栽培型古茶树保护范围内从事下列活动：

（一）按技术规范、标准对古茶树进行管护和利用；

（二）种植有利于古茶树生长的植物，施用有机肥；

（三）美化、净化古茶园园区环境。

第十五条　在本市行政区域内禁止下列行为：

（一）非法采伐、移植、运输古茶树等；

（二）伐树采摘古茶树树叶、花果等；

（三）对古茶树进行挖根、剥皮等；

（四）对古茶树进行台刈；

（五）使用危害古茶树生长和茶叶品质的农药、化肥、生长调节剂等；

（六）在古茶树保护园区倾倒、堆放生活垃圾和其他废弃物；

（七）擅自移动、破坏和伪造古茶树保护标识；

（八）其他危害古茶树的行为。

第十六条　在古茶树保护范围内从事下列活动的，应当依法办理相关手续；造成损失的，应当给予补偿：

（一）因基础设施建设等公共利益需要移植古茶树；

（二）新修建（构）筑物；

（三）建设旅游项目；

（四）采石、挖砂、取水、取土、探矿、采矿等；

（五）开展科学研究、考察、教学实习、影视拍摄等。

第三章　古茶树利用

第十七条　古茶树利用应当尊重古茶树所有者的意愿，维护古茶树所有者和经营者的合法权益。

第十八条　市、县（区）人民政府应当制定古茶树开发利用扶持政策，推动古茶树产业和其他产业融合发展。

第十九条　古茶树的利用，鼓励和支持下列行为：

（一）开展地理标志产品保护，注册地理标志证明商标；

（二）投资参与古茶树保护和进行科学研究；

（三）投资建设古茶树种质资源库、种质繁育基地、茶叶庄园、茶农专业合作社；

（四）开展古茶树利用交流合作，挖掘古茶树历史文化，打造古茶树景观和品牌；

（五）开发拥有自主知识产权的古茶树产品品牌，合理开发古茶树资源，培育古茶树资源利用产业链，提升产品市场竞争力。

第二十条　古茶树利用，可以采取合资、合作、租赁、承包、转让等方式。

第四章　法律责任

第二十一条　违反本条例规定的，分别由市、县（区）林业行政部门、茶叶管理机构责令停止违法行为，并按照下列规定处罚；构成犯罪的，依法追究刑事责任：

（一）违反本条例第十五条第一项、第二项规定之一的，没收采伐工具、实物、违法所得，并处每株 6000 元以上 3 万元以下罚款；

（二）违反本条例第十五条第三项、第四项规定之一的，处 500 元以上 2000 元以下罚款；情节严重的，处 2000 元以上 1 万元以下罚款；

（三）违反本条例第十五条第五项、第六项规定之一的，责令限期改正；情节严重的，处 200 元以上 1000 元以下罚款；

（四）违反本条例第十五条第七项规定的，责令限期恢复改正，并处每个标识 100 元以上 500 元以下罚款。

第二十二条　违反本条例第十六条第一项规定的，分别由市、县（区）林业行政部门、茶叶管理机构处以每株 2000 元以上 1 万元以下罚款。

第二十三条　违反本条例第十六条第二项至第四项规定之一的，由市、县（区）林业、茶叶管理机构、国土资源等行政部门依照有关法律、法规规定处罚。

第二十四条　违反本条例第十六条第五项规定的，分别由市、县（区）林业行政部门、茶叶管理机构责令停止违法行为，并处以 200 元以上 1000 元以下罚款。

第二十五条　有关生产、加工、流通企业和个人，在古茶树产品经营活动中掺杂、使假的，由市、县（区）市场监管行政部门会同有关部门依法查处；构成犯罪的，依法追究刑事责任。

第二十六条　违反本条例规定对古茶树造成危害的其他行为，依照有关法律、法规规定给予处罚。

第二十七条　古茶树保护管理人员滥用职权、玩忽职守、徇私舞弊，对古茶树造成危害的，由所在单位或者上级机关给予行政处分；构成犯罪的，依法追究刑事责任。

第五章　附　则

第二十八条　自然保护区、国家公园、森林公园、城乡建设规划区、风景名胜区内的古茶树保护，适用国家、省有关法律法规，同时应当遵守本条例。

第二十九条　市、县（区）人民政府应当根据本条例制定实施办法。

第三十条　本条例自 2016 年 12 月 1 日起施行。

附录三

临沧市野生茶树资源保护范围名录（第一批）

临沧市人民政府关于临沧市第一批野生
茶树资源保护范围认定的公告

　　根据《临沧市古茶树保护条例》的规定，经市人民政府认定，现将认定保护的临沧市第一批野生茶树资源范围予以公告。

　　附：临沧市野生茶树资源保护范围名录（第一批）

临沧市人民政府

2016 年 12 月 30 日

附件1

临沧市第一批栽培古茶园认定名录

县（区）	名　称	面积（亩）	位置及四至界限	备注
凤庆县	凤庆县凤山镇后山村凤山古茶园	3000	位置：凤庆县凤山镇后山村。东至：大平地小组山脚。西至：后山村委会后山头。南至：太阴宫茶所。北至：雷神庙山头	
	凤庆县小湾镇锦秀村古茶园	200	位置：凤庆县小湾镇锦秀村。东至：挂房岭岗。西至：峡山河边。南至：耳白树林。北至：老陈马路以上	
小计	2个	3200	—	—
临翔区	临翔区邦东乡邦东村昔归（忙麓）山古茶园	600	位置：临翔区邦东乡邦东村昔归组。东至：澜沧江嘎里古渡口公路边。西至：高速路隧道口箐边。南至：忙麓山顶。北至：高速路桥底。	
	临翔区凤翔街道昔本村晓光山古茶园	176	位置：临翔区凤翔街道昔本村新寨组。东至：晓光山茶地脚箐。西至：晓光山茶地头森林脚。南至：晓光山老五家茶地边小箐。北至：晓光山茶地边森林脚。	
小计	2个	776	—	—
永德县	永德县勐板乡白岩村文曲古茶园	500	位置：永德县勐板乡白岩村文曲自然村。东至：勐板到两沟水公路。西至：原村委会下。南至：森林。北至：沟底	
	永德县勐板乡忙肺村忙肺古茶园	2800	位置：永德县勐板乡忙肺村忙肺山。东至：大水塘自然村东边岭岗。西至：尖山垭口至尖山自然村公路。南至：森林。北至：小河边	
小计	2个	3300	—	—
镇康县	镇康县忙丙乡马鞍山古茶园	3200	位置：镇康县忙丙乡马鞍山村。东至：忙丙乡帮海村。西至：忙丙乡忙汞村。南至：忙丙乡回掌村。北至：勐捧镇核桃箐村	
	镇康县勐捧镇岩子头古茶园	6000	位置：镇康县勐捧镇岩子头村。东至：凤尾镇大柏树村。西至：勐堆乡茶叶林村。南至：勐堆乡尖山村。北至：勐捧镇勐捧村	
小计	2个	9200	—	—

续表

县（区）	名　称	面积 （亩）	位置及四至界限		备注
云县	云县漫湾镇白莺山片区古茶园	12400	位置：云县漫湾镇白莺山村。东至：白莺山下村组与密竹林村小彼子组、核桃林村中村组、三家村、岭岗、平掌组及酒房村酒房组、查家组和仓房组一线相连。西至：白莺山村仙一山村民小组与大丙山自然保护区相连。南至：白莺山茶树组至酒房村瓦窑、狮子箐和大地河与茂兰旧村相连。北至：白莺山小街组与密竹林村辖区鹅脖左组与草籽村相连		
	云县大朝山西镇菖蒲塘片区古茶园	2000	位置：云县大朝山西镇菖蒲塘村。东至：菖蒲塘村尚地组尚地古茶园直至与帮旭村续家组古茶园相连。西至：菖蒲塘村红豆杉、牌坊和菖蒲塘组徐家茶地头与临沧澜沧江省级自然保护区大朝山西镇大雪山片保护区相连。南至：菖蒲塘村糯伍组至那罕古茶园（解放前临沧人陪嫁的茶山60多亩）。北至：菖蒲塘村牌坊组和团田组的团田古茶园止，直至与邦旭村续家箐村民小组古茶山相连		
小计	2个	14400	—	—	
耿马自治县	耿马自治县勐简乡大寨古茶园	2600	位置：耿马自治县勐简乡大寨村大寨组。东至：洪绍仁茶地。西至：马卫强茶地。南至：李家国茶地。北至：小马二茶地		
	耿马自治县勐永镇香竹林古茶园	2000	位置：耿马自治县勐永镇香竹林村香竹林组。东至：许想茶地。西至：姜老稳茶地。南至：姜新发茶地。北至：罗云双茶地		
小计	2个	4600	—	—	
沧源自治县	沧源自治县糯良乡帕拍村栽培型古茶园	100	位置：沧源县糯良乡帕拍村。东至：永龙至永格若。西至：永格若至公门绕。南至：公门绕至塘更勐。北至：塘更勐至永龙		
	沧源自治县勐来乡班列古茶园	115	位置：沧源县糯良乡班列村。东至：然平至公达山。西至：公达山至达冷。南至：达冷至弄社。北至：弄社至然平		
小计	2个	215	—	—	

县（区）	名　称	面积（亩）	位置及四至界限		备注
双江自治县	双江自治县勐库镇冰岛村冰岛组栽培型古茶园	104	位置：双江自治县勐库镇冰岛村冰岛组。 东至：+17592197 +2631632 西至：+17591790 +2631758 南至：+17591903 +2631616 北至：+17592015 +2631787		
	双江自治县勐库镇坝糯村八组栽培型古茶园	136	位置：双江自治县勐库镇坝糯村八组。 东至：+17596544 +2618915 西至：+17596317 +2619080 南至：+17596292 +2618862 北至：+17596504 +2619254		
小计	2个	240	—	—	
全市	16个	35931	—	—	

附件 2

临沧市第 1 批栽培古茶树认定名录

县（区）	名 称	种 / 品种	地 点	地理坐标	树高（m）	树幅（m²）	基部干径（cm）	备注
凤庆县	凤庆县小湾镇锦秀村香竹箐 1 号古茶树	大理茶	凤庆县小湾镇锦秀村香竹箐	东经：100°04′53″ 北纬：24°35′51″	10.6	10.0×9.3	184	
	凤庆县小湾镇锦秀村甲山 3 号古茶树	大理茶	凤庆县小湾镇锦秀村甲山村民小组	东经：100°07′43″ 北纬：24°60′64″	8.0	4.0×4.0	74	
	凤庆县小湾镇锦秀村甲山 4 号古茶树	大理茶	凤庆县小湾镇锦秀村甲山村民小组	东经：100°07′43″ 北纬：24°60′61″	7.0	5.0×4.0	76	
小计	3 棵	—	—	—	—	—	—	
临翔区	临翔区南华村李德良家古茶树	勐库大叶种	临翔区南美乡南华村二组	东经：99°54′47.19″ 北纬：23°50′51.63″	8.4	10×9.6	150	
	临翔区曼岗村杨鹏忠家古茶树	邦东黑大叶种	临翔区邦东乡曼岗村大箐组	东经：100°20′36.53″ 北纬：23°57′13.06″	7.3	6.8×6.4	150	
	临翔区博尚镇勐准村腾龙组罗云海家古茶树	勐库大叶茶	临翔区博尚镇勐准村腾龙组	东经：100°01′51.5″ 北纬：23°42′45.1″	8.4	8×7.3	170	
小计	3 棵	—	—	—	—	—	—	
永德县	永德县德党镇响水山村茶地包包 01 号古茶树	云南大叶种	永德县德党镇响水山村茶地包包	东经：99°15′11″ 北纬：23°54′13″	8.7	6.9×7.8	58	

续表

县（区）	名称	种/品种	地点	地理坐标	树高（m）	树幅（m²）	基部干径（cm）	备注
永德县	永德县勐板乡忙肺村忙肺山01号古茶树	忙肺大叶种	永德县勐板乡忙肺村忙肺山	东经：99°07'30" 北纬：24°03'49"	5.8	6.3×7.3	27.2	
永德县	永德县小勐统镇麻栗树村小平掌组01号古茶树	云南大叶种	永德县小勐统镇麻栗树村小平掌组	东经：99°14'22" 北纬：24°12'56"	7.6	6.8×7.1	51	
永德县	永德县亚练乡塔驮村老虎寨01号古茶树	杂交（待定）	永德县亚练乡塔驮村老虎寨	东经：99°37'17" 北纬：24°14'33"	6.9	4.2×4.5	92	
永德县	永德县亚练乡章大村章大自然村01号古茶树	杂交品种	永德县亚练乡章大村章大自然村	东经：99°38'51" 北纬：24°15'20"	7.2	6.4×6.9	95	
小计	5棵	—	—	—	—	—	—	
镇康县	镇康县忙丙乡马鞍山村马鞍山1号古茶树	普洱茶	镇康县忙丙乡马鞍山村一组	东经：99°02' 北纬：24°02'	6.5	5×4	41.4	
镇康县	镇康县勐捧镇岩子头村岩子头1号古茶树	普洱茶	镇康县勐捧镇岩子头村糯娥寨组大岭岗茶园	东经：98°57' 北纬：23°59'	3.7	4.3×3.5	28.6	
镇康县	镇康县勐捧镇包包寨村水沟头1号古茶树	厚轴茶	镇康县勐捧镇包包寨村下包包组水沟头	东经：98°52'45.82" 北纬：24°04'53.57"	3.7	7.5×4.8	44.6	
小计	3棵	—	—	—	—	—	—	
云县	云县漫湾镇白莺山村民小组001号古茶树	二嘎子茶	云县漫湾镇白莺山村熊家组	东经：100°19' 北纬：24°38'	10.5	9×9.68	124	
云县	云县大朝山西镇菖蒲塘村糯伍小组001号古茶树	拟细萼茶	云县大朝山西镇菖蒲塘村糯伍组	东经：100°21'40" 北纬：24°58'11"	12.0	9.9×9.6	73.2	

续表

县（区）	名称	种/品种	地点	地理坐标	树高（m）	树幅（m²）	基部干径（cm）	备注
云县	云县忙怀乡温速村下立新河村民小组001号古茶树	勐库茶	云县忙怀乡温速村下立新河组	东经：100°31′29″ 北纬：24°53′30″	6.5	9×8	35.3	
小计	3棵	—	—	—	—	—	—	
耿马自治县	耿马自治县芒洪乡安雅村户南1号古茶树	普洱茶	耿马自治县芒洪乡安雅村户南组	东经99°62′62.43″ 北纬23°55′63.09″	5.7	7.6×7	46.5	
	耿马自治县芒洪乡安雅村户南2号古茶树	普洱茶	耿马自治县芒洪乡安雅村户南组	东经：99.622643° 北纬：23.556309°	7.0	5.2×4.9	39.5	
	耿马自治县芒洪乡安雅村户南3号古茶树	普洱茶	耿马自治县芒洪乡安雅村户南组	东经：99.637967° 北纬：23.540144°	7.6	5.5×5	31.8	
	耿马自治县勐永镇香竹林村香竹林4号古茶树	普洱茶	耿马自治县勐永镇香竹林村香竹林组	东经：99.665983° 北纬：23.923288°	4.9	5×4.5	44.6	
	耿马自治县勐永镇香竹林村香竹林5号古茶树	普洱茶	耿马自治县勐永镇香竹林村香竹林组	东经：99.666583° 北纬：23.925429°	5.7	4.7×4.1	36.9	
	耿马自治县勐永镇香竹林村香竹林6号古茶树	普洱茶	耿马自治县勐永镇香竹林村香竹林组	东经：99.667723° 北纬：23.927208°	8.4	5.6×5	33.4	
	耿马自治县勐简乡大寨村大寨7号古茶树	普洱茶	耿马自治县勐简乡大寨村大寨组	东经：99.413993° 北纬：23.726564°	4.7	4.9×4.5	31.8	
	耿马自治县勐简乡大寨村大寨8号古茶树	普洱茶	耿马自治县勐简乡大寨村大寨组	东经：99.409738° 北纬：23.730739°	3.6	3.8×3.3	30.6	
小计	8棵	—	—	—	—	—	—	

续表

县（区）	名称	种/品种	地点	地理坐标	树高（m）	树幅（m²）	基部干径（cm）	备注
沧源自治县	沧源县糯良乡帕拍村1号古茶树	普洱茶	沧源县糯良乡帕拍村	东经：99°37′6.18″ 北纬：23°31′78.94″	11.4	8.3×9.1	52.2	
沧源自治县	沧源县糯良乡帕拍村2号古茶树	普洱茶	沧源县糯良乡帕拍村	东经：99°37′19.9″ 北纬：23°31′6.38″	9.7	8.6×9.62	35.0	
沧源自治县	沧源县糯良乡帕拍村3号古茶树	普洱茶	沧源县糯良乡帕拍村	东经：99°22′13.73″ 北纬：23°19′1.13″	4.96	4.2×3.7	28.7	
小计	3棵	—	—	—	—	—	—	—
双江自治县	双江自治县勐库镇冰岛村冰岛组3号古茶树	勐库大叶种	双江自治县勐库镇冰岛村冰岛组	东经：99°54′08.11″ 北纬：23°47′04.63″	5.0	2.4×2.2	35.0	
双江自治县	双江自治县勐库镇坝糯村1号古茶树	勐库大叶种	双江自治县勐库镇坝糯村八组	东经：99°56′40.44″ 北纬：23°40′10.11″	6.9	8.7×8.1	43.0	
双江自治县	双江自治县勐库镇冰岛村南迫3号古茶树	勐库大叶种	双江自治县勐库镇冰岛村南迫组	东经：99°53′35.38″ 北纬：23°47′40.59″	11.0	2.5×2.4	70	
小计	3棵	—	—	—	—	—	—	—
全市	31棵	—	—	—	—	—	—	—

临沧市第 1 批野生茶树资源保护范围名录

序号	县（区）	野生茶树分布区名称	四至界线				面积（亩）	所在自然保护区	保护责任单位	备注
			东至	南至	西至	北至				
1	凤庆县	临沧澜沧江省级自然保护区凤庆片区鲁史鹿马箐一光山梁子野生茶树分布区	鲁史镇古平村村界	鲁史镇团结村、河边村集体林界	昌宁县界	诗礼乡界	9265	临沧澜沧江省级自然保护区凤庆片区	凤庆县林业局、临沧澜沧自然保护区凤庆管护分局	
2	凤庆县	临沧澜沧江省级自然保护区凤庆片区诗礼乡古墨后箐野生茶树分布区	诗礼乡古墨村集体林界	鲁史镇界	三合村界	诗礼乡古墨村与三合村集体林界	4643	临沧澜沧江省级自然保护区凤庆片区	凤庆县林业局、临沧澜沧自然保护区凤庆管护分局	
3	凤庆县	临沧澜沧江省级自然保护区凤庆片区洛党四十八道河野生茶树分布区	大河塘	山神庙梁子	洛党镇新山至四家村界	小湾杨家树树脚	6803	临沧澜沧江省级自然保护区凤庆片区	凤庆县林业局、临沧澜沧自然保护区凤庆管护分局	
4	云县	临沧澜沧江省级自然保护区云县片区爱华镇黄竹林野生茶树分布区	草皮山（17601853，2703308）—田坝河头（17603362，2701974）	打雀山（17602364，2700892）	三台地梁子	大湾水河头（1759965，2705694）	10364	临沧澜沧江省级自然保护区云县片区	云县林业局、临沧澜沧自然保护区云县管护分局	
5	云县	临沧澜沧江省级自然保护区云县片区大丙山野生茶树分布区	大丙山（1769857，2729321）—席掌河头（17631399，2728843）	根麻大山（17631466，2726714）	冬瓜林河头（17627991，2727732）	锅底村河头（17628942，2730797）	13413	临沧澜沧江省级自然保护区云县片区	云县林业局、临沧澜沧自然保护区云县管护分局	

续表

序号	县（区）	野生茶树分布区名称	四至界线				面积（亩）	所在自然保护区	保护责任单位	备注
			东至	南至	西至	北至				
6	镇康县	镇康县木场乡绿荫塘村大门山门山野生茶树分布区	小红坡（17509273，2624436）	大丫口（17508378，2623915）	岩蜂窝脚（17507464，2623903）	大光山脚（17508816，2624804）	1276		镇康县林业局	
7	镇康县	镇康南捧河省级自然保护区忙丙后箐野生茶树分布区	永德县界（17516164，26542620）	菁坑丫口（17515751，2653231）	党山平掌（17514678，2654399）	永德县界（17516675，2655405）	2761	镇康南捧河省级自然保护区	镇康县林业局、镇康南捧河省级自然保护区管理局	
8	永德县	永德大雪山国家级自然保护区药地河——牛峰堆山野生茶树分布区	大雪山西（17565173，2670750）	淘金河（17560897，266385）	黄草山（17560305，267047）	药地河（17563242，2675073）	42840	永德大雪山国家级自然保护区	永德县林业局、永德大雪山国家级自然保护区管护局	
9	永德县	永德大雪山国家级自然保护区大茶山野生茶树分布区	挖路河（17571107，2668977）	罗汉松垭口（17570330，2664380）	金牛脖子山（17568561，2667175）	牛头山（17569950，2671193）	14850	永德大雪山国家级自然保护区	永德县林业局、永德大雪山国家级自然保护区管护局	
10	永德县	永德大雪山国家级自然保护区大岔河野生茶树分布区	曼来沟坝头（17568031，2664166）	马鹿河（17565848，2659849）	勒馱子山（17564807，2661447）	大岔河头（17564221，2663985）	16815	永德大雪山国家级自然保护区	永德县林业局、永德大雪山国家级自然保护区管护局	
11	永德县	永德大雪山国家级自然保护区小黑河野生茶树分布区	干河（17566814，2676348）	一碗水平掌（17565972，2675491）	大光山梁子（17565161，2676137）	银场街水库（17566337，2676761）	1995	永德大雪山国家级自然保护区	永德县林业局、永德大雪山国家级自然保护区管护局	

序号	县（区）	野生茶树分布区名称	四至界线				面积（亩）	所在自然保护区	保护责任单位	备注
			东至	南至	西至	北至				
12	永德县	永德大雪山国家级自然保护区大麦地野生茶树分布区	大麦地大路（17570975，2669490）	三岔河（17570853，2666724）	挖路河（17570342，2668720）	牛头山河（17569950，2671193）	4620	永德大雪山国家级自然保护区	永德县林业局，永德大雪山国家级自然保护区管护局	
13	临翔区	临沧澜沧江省级自然保护区临翔片区南美白水河野生茶树分布区	野猪塘（17588646，2634606）	双江县界（17587760，2633982）	耿马县界（17587234，2634518）	铁铲河（17588074，2635457）	2625	临沧澜沧江省级自然保护区临翔片区	临翔区林业局，临沧澜沧江自然保护区临翔管护分局	
14	临翔区	临沧澜沧江省级自然保护区临翔片区南美黄竹林山野生茶树分布区	火草林—南菜亚牧场（17597168，2635449）	仙人山（17596109，2633856）	懒碓房河（17595692，2635340）	大黑箐（17595722，2637282）	6655	临沧澜沧江省级自然保护区临翔片区	临翔区林业局，临沧澜沧江自然保护区临翔管护分局	
15	耿马自治县	南滚河国家级自然保护区大青山野生茶树分布区	大青山梁子	福荣山	芒艾、崇岗、秋山等村后山	新山丫口	36029	南滚河国家级自然保护区耿马片区	耿马县林业局，南滚河国家级自然保护区耿马管护分局	
16	双江自治县	临沧澜沧江省级自然保护区双江片区勐库大雪山野生茶树分布区	大滑石板（17585106，2622390）	茶山沟梁子（17583788，2619914）	大雪山梁子（17579676，2620374）	大四妹梁子（17583446，2625105）	28076	临沧澜沧江省级自然保护区双江片区	双江县林业局，临沧澜沧江自然保护区双江管护分局	
17	双江自治县	双江县湾河后山野生茶生茶树分布区	湾河后山梁子（17601109，2597828）	大浪坝水库（17599958，2595566）	那斯科梁子（17598714，2599138）	湾河水库（17600328，2600778）	8750		双江县林业局	

续表

序号	县（区）	野生茶树分布区名称	四至界线				面积（亩）	所在自然保护区	保护责任单位	备注
			东至	南至	西至	北至				
18	双江自治县	双江县茶山头野生茶树分布区	龙潭河箐头（17599733，2593618）	改板梁子（17596947，2590987）	勐黄线（17597443，2590466）	黄河丫口（17598059，2594477）	8302		双江县林业局	
19	双江自治县	临沧沧江省级自然保护区双江片区大青山野生茶树分布区	清平水库（17595760，2587374）	神祖坟梁子（17594228，2585000）	忙乐村界（17590426，2589834）	大棚子水库（17590449，2590136）	20713	临沧沧江省级自然保护区双江片区	双江县林业局，临沧沧江省级自然保护区双江管护分局	
20	沧源自治县	沧源县岗德梅山野生茶树分布区	进单甲乡县级公路（17538978，2565890）	嘎多村六组拱尾山（17539931，2561281）	贺岭村界（17535751，2565556）	南撒村界（17539126，2570718）	39085		沧源县林业局	
21	沧源自治县	南滚河国家级自然保护区芒告大山野生茶树分布区	勐角乡控井五组界（17521485，2566522）	刀董村公多当集体新炭林（17517435，2561191）	芒回村卡汞河（17516161，2564758）	尔妈河（1759933，2567874）	27166	南滚河国家级自然保护区沧源片区	沧源县林业局，南滚河国家级自然保护区管护局	
22	沧源自治县	南滚河国家级自然保护区窝坎大山野生茶树分布区	翁丁丫口至勐冷水库路（17522173，2578145）	控角村南角河（17520407，2574560）	翁丁村新牙河（17518927，2578071）	挡帕河（17521879，2580766）	17972	南滚河国家级自然保护区沧源片区	沧源县林业局，南滚河国家级自然保护区管护局	

附录四　临沧市古茶树资源统计表

附表 1　临沧市古茶树资源按土地所有权分地类统计表

单位：亩、株

县	乡镇	土地所有权	合计	块状 野生型 小计	野生有林	野生疏林	野生灌木	野生园地	野生草地	野生其他	块状 栽培型 小计	栽培有林	栽培疏林	栽培灌木	栽培园地	栽培草地	栽培其他	单株 合计	单株 野生型	单株 栽培型
		计	413176.58	335821.96	331856.64	159.14	173.85	2344.23		1288.10	77354.62	6426.44	249.27	317.30	6032.96	8.12	4320.53	17049	1670	15379
		国有	311194.69	310344.11	310011.65	159.14	173.32				850.58				850.06		0.52	149	139	10
		集体	101981.89	25477.85	21844.99		0.53	2344.23		1288.10	76504.04	6426.44	249.27	317.30	5182.90	8.12	4320.01	16900	1531	15369
沧源县		小计	182.09	24.96		24.96					157.13	136.28		20.85				628	78	550
		国有	24.96	24.96		24.96												61	61	
		集体	157.13								157.13	136.28		20.85				567	17	550
	班洪乡	集体																19	19	
	单甲乡	国有	2.98	2.98		2.98												41		41
	单甲乡	集体																6	6	
	勐角乡	国有	21.98	21.98		21.98												64	6	58
	勐角乡	集体	8.38								8.38	8.38						13	13	
	芒卡镇	国有																55		55
	芒卡镇	集体																9	9	
	勐董镇	国有																9	9	
	勐董镇	集体																28		28

199

续表

统计单位 县	乡镇	土地所有权	合计	块状 野生型 小计	野生乔林	野生疏林	野生灌木	野生园地	野生草地	野生其他	栽培型 小计	栽培乔林	栽培疏林	栽培灌木	栽培园地	栽培草地	栽培其他	单株 合计	单株 野生型	单株 栽培型
沧源县	班老乡	集体	5.22								5.22	2.18		3.04				121		121
	勐来乡	集体																82		82
	勐省镇	集体	68.33								68.33	68.33						11		11
	岩帅镇	集体																25		25
	糯良乡	国有																14	14	
	糯良乡	集体	75.20								75.20	57.39		17.81				131	2	129
	小计		58343.49	42429.29	38833.23		173.32	2313.08		1109.66	15914.20	3167.93		152.56	11206.93	7.04	1379.74	8890	1223	7667
		国有	25370.33	24520.45	24347.13		173.32				849.88				849.36		0.52			
		集体	32973.16	17908.84	14486.10			2313.08		1109.66	15064.32	3167.93		152.56	10357.57	7.04	1379.22	8890	1223	7667
凤庆县	大寺乡	集体	9373.09	5087.34	2029.39			1948.29		1109.66	4285.75	1256.57		65.41	2698.13		265.64	2586	222	2364
	凤山镇	国有	849.88								849.88				849.36		0.52			
	凤山镇	集体	494.22								494.22	8.80			485.42			84		84
	郭大寨	国有	1121.10	1.85				1.85			1119.25	155.79		82.69	760.33		120.44	160	10	150
	鲁史镇	集体	17506.44	17506.44	17506.44															
	洛党镇	国有	1402.88	501.27	473.21			28.06			901.61	77.37			760.06		64.18	1021	269	752
	洛党镇	集体	4673.96	4673.96	4500.64		173.32											302	85	217
	勐佑镇	集体	1980.20	81.72	21.41			60.31			1898.48	212.21		3.33	1477.46		205.48	80	1	79
	小湾镇	集体	4682.34	2625.54	2624.97			0.57			2056.80	377.54		0.60	1492.38	7.04	179.24			
	三岔河镇	集体	3076.68	2257.77	2257.77						818.91	165.04			324.29		329.58	675	39	636

续表

县	乡镇	土地所有权	块状	野生型							栽培型							单株		
			合计	小计	野生有林	野生疏林	野生灌木	野生园地	野生草地	野生其他	小计	栽培有林	栽培疏林	栽培灌木	栽培园地	栽培草地	栽培其他	合计	野生型	栽培型
凤庆县	诗礼乡	集体	4148.90	4017.83	4017.83						131.07				123.39		7.68	370	4	366
	小湾镇	集体	1821.08	1664.28	1390.28			274.00			156.80	39.68			117.12			2118	513	1605
	新华乡	国有	559.38	559.38	559.38															
	新华乡	集体	26.72								26.72						26.72	143	59	84
	雪山镇	国有	1780.67	1780.67	1780.67															
	雪山镇	集体	4844.21	1671.24	1671.24						3172.97	874.93		0.53	2118.99		178.52	814	21	793
	营盘镇	集体	1.74								1.74						1.74	61		61
	腰街乡	集体																476		476
耿马县	大兴乡	小计	3828.61	0.53			0.53				3828.08	2043.05		52.99	1732.04			308	13	295
		国有																2	2	
		集体	3828.61	0.53			0.53				3828.08	2043.05		52.99	1732.04			306	11	295
	耿马镇	集体	3.76	0.53			0.53				3.23				3.23			19	11	8
	贺派乡	集体	47.56								47.56			47.56				166		166
	勐简乡	集体	1728.81								1728.81				1728.81			61		61
	勐撒镇	集体	34.60								34.60	34.60						6		6
	勐永镇	集体	2008.45								2008.45	2008.45						37		37
	孟定镇	集体	5.43								5.43			5.43				1		1

续表

县	乡镇	土地所有权	块状															单株		
			合计	野生型 小计	野生有林	野生疏林	野生灌木	野生园地	野生草地	野生其他	栽培型 小计	栽培有林	栽培疏林	栽培灌木	栽培园地	栽培草地	栽培其他	合计	野生型	栽培型
耿马县	四排山乡	国有																1	1	
		集体																4		4
临翔区	小计		15980.75	9303.03	9303.03						6677.72		34.70		4271.06		2371.96	1143		1143
		国有	9303.03	9303.03	9303.03													1143		1143
		集体	6677.72								6677.72		34.70		4271.06		2371.96	40		40
	邦东乡	集体	4322.63								4322.63				3738.23		584.40	126		126
	博尚镇	集体	41.85								41.85						41.85	41		41
	凤翔街道	集体	228.41								228.41						228.41	473		473
	马台乡	集体	1509.96								1509.96						1509.96	165		165
	蚂蚁堆乡	集体																120		120
	忙畔街道	集体																121		121
	南美乡	国有	9303.03	9303.03	9303.03													26		26
	南美乡	集体	567.53								567.53		34.70		532.83			31		31
	平村乡	集体																		
	圈内乡	集体	7.34								7.34						7.34			
	章驮乡	集体																		
双江县	小计		169008.88	137326.78	137326.78						31682.1				31682.1			437	60	377
		国有	137327.48	137326.78	137326.78						0.7				0.7			70	60	10
		集体	31681.4								31681.4				31681.4			367		367

续表

县	乡镇	土地所有权	合计	野生型 小计	野生有林	野生疏林	野生灌木	野生园地	野生草地	野生其他	栽培型 小计	栽培有林	栽培疏林	栽培灌木	栽培园地	栽培草地	栽培其他	单株 合计	单株 野生型	单株 栽培型
双江县	邦丙乡	国有	2726.55	2726.55	2726.55															
		集体	140.03								140.03				140.03					50
	大文乡	国有	24963.52	24963.52	24963.52															
		集体	19.12								19.12				19.12			5	5	
	忙糯乡	国有	2661.64	2661.64	2661.64													24	24	
		集体	90.46								90.46				90.46					
	勐库镇	国有	44460.71	44460.01	44460.01						0.7				0.7					10
		集体	1235.55								1235.55				1235.55					
	勐勐镇	国有	40213.92	40213.92	40213.92													31	31	
		集体	1830.05								1830.05				1830.05			3		3
	沙河乡	国有	22301.14	22301.14	22301.14															
		集体	16366.19								16366.19				16366.19			314		314
	小计		126219.01	115092.15	115092.15						11126.86	735.36	208.35	90.90	10026.45		65.80	1332	83	1249
	国有		115092.15	115092.15	115092.15															
	集体		11126.86								11126.86	735.36	208.35	90.90	10026.45		65.80	1332	83	1249
永德县	班卡乡	集体	706.65								706.65	69.53	184.55		452.57			54	1	53
	崇岗乡	国有	5140.48	5140.48	5140.48															
		集体	95.19								95.19			10.76	82.04		2.39	148		148
	大山乡		781.40								781.40				781.40			44	2	42

续表

县	乡镇	土地所有权	合计	块状 野生型 小计	野生有林	野生疏林	野生灌木	野生园地	野生草地	野生其他	块状 栽培型 小计	栽培有林	栽培疏林	栽培灌木	栽培园地	栽培草地	栽培其他	单株 合计	单株 野生型	单株 栽培型
永德县	大雪山乡	国有	34312.69	34312.69	34312.69															
	大雪山乡	集体	1324.28								1324.28	217.09		80.14	1025.22		1.83	133	4	129
	德党镇	国有	23933.59	23933.59	23933.59															
	德党镇	集体	1408.76								1408.76	3.04			1352.23		53.49	77	6	71
	勐板乡	国有	4817.68	4817.68	4817.68															
	勐板乡	集体	2389.99								2389.99				2389.99			117		117
	乌木龙乡	国有	13840.62	13840.62	13840.62															
	乌木龙乡	集体	214.96								214.96	88.40	14.97		111.59			328	61	267
	小勐统镇	集体	2365.12								2365.12	85.44		2279.68				53		53
	亚练乡	国有	18844.70	18844.70	18844.70															
	亚练乡	集体	1193.45								1193.45	271.86	8.83		904.67		8.09	339	9	330
	永康镇	国有	14202.39	14202.39	14202.39															
	永康镇	集体	647.06								647.06				647.06			39		39
云县	小计		34090.96	30777.28	30643.10	134.18					3313.68	126.97	6.22		3180.49			3579	81	3498
		国有	23901.48	23901.48	23767.30	134.18														
		集体	10189.48	6875.80	6875.80						3313.68	126.97	6.22		3180.49			3579	81	3498
	爱华镇	国有	3565.24	3565.24	3431.06	134.18												665	28	637
	茶房乡	集体	136.26	136.26	136.26													799	8	791

续表

统计单位		土地所有权	合计	块状															单株		
县	乡镇			野生型							栽培型							合计	野生型	栽培型	
				小计	野生有林	野生疏林	野生灌木	野生园地	野生草地	野生其他	小计	栽培有林	栽培疏林	栽培灌木	栽培园地	栽培草地	栽培其他	合计	野生型	栽培型
云县	大朝山西镇	集体	1121.04								1121.04				1121.04			727		727
	大寨镇	国有	220.19	220.19	220.19															
		集体																137		137
	后箐乡	集体																230		230
	栗树乡	集体																36		36
	漫湾镇	国有	202.79	202.79	202.79															
		集体	2198.51	5.87	5.87						2192.64	126.97	6.22		2059.45			246	1	245
	忙怀乡	集体																24		24
	茂兰镇	国有	10441.12	10441.12	10441.12															
		集体	2551.67	2551.67	2551.67													93		93
	幸福镇	国有	9472.14	9472.14	9472.14															
		集体	4182.00	4182.00	4182.00													152	44	108
	晓街乡	集体																103		103
	涌宝镇	集体																367		367
	小计		5522.79	867.94	658.35			31.15		178.44	4654.85	216.85			3933.89	1.08	503.03	732	132	600
镇康县		国有	175.26	175.26	175.26													16	16	
		集体	5347.53	692.68	483.09			31.15		178.44	4654.85	216.85			3933.89	1.08	503.03	716	116	600
	凤尾镇	集体	665.70	179.72				1.28		178.44	485.98				124.64		361.34	13	4	9
	军赛乡	集体	2.93								2.93				2.93			86	25	61

续表

县	乡镇	土地所有权	合计	块状 野生型 小计	野生乔林	野生疏林	野生灌木	野生园地	野生草地	野生其他	块状 栽培型 小计	栽培乔林	栽培疏林	栽培灌木	栽培园地	栽培草地	栽培其他	单株 合计	野生型	栽培型
镇康县	忙丙乡	国有	49.52	49.52	49.52													16	16	
	忙丙乡	集体	1573.01								1573.01				1573.01			83		83
	勐堆乡	国有	121.60	121.60	121.60															
	勐堆乡	集体	632.58	483.09	483.09						149.49				7.80		141.69	50	2	48
	勐捧镇	集体	2409.37								2409.37	202.44			2205.85	1.08		5		5
	木场乡	集体	34.75	29.87				29.87			4.88				4.88			378	85	293
	南伞镇	国有	4.14	4.14	4.14															
	南伞镇	集体	29.19								29.19	14.41			14.78			101		101

附表2 临沧市古茶树资源按茶树所有权分地类面积统计表

单位：亩、株

统计单位 县	乡镇	茶树所有权	合计	块状 野生型 小计	野生有林	野生疏林	野生灌木	野生园地	野生草地	野生其他	块状 栽培型 小计	栽培有林	栽培疏林	栽培灌木	栽培园地	栽培草地	栽培其他	单株 合计	单株 野生型	单株 栽培型
		合计	413176.58	335821.96	331856.64	159.14	173.85	2344.23		1288.10	77354.62	6426.44	249.27	317.30	66032.96	8.12	4320.53	17049	1670	15379
		国有	309745.82	309744.60	309412.14	159.14	173.32				1.22				0.70		0.52	149	139	10
		集体	42775.49	10042.23	8677.50		0.53	790.35		573.85	32733.26	1163.53	34.70		31491.42		43.61	630	126	504
		个人	60425.34	16035.13	13767.00			1553.88		714.25	44390.21	5262.91	214.57	317.30	34310.91	8.12	4276.40	16268	1405	14863
		其他	229.93								229.93				229.93			2		2
沧源县	班洪乡	小计	182.09	24.96		24.96					157.13	136.28		20.85				628	78	550
		国有	24.96	24.96		24.96												61	61	
		集体	2.18								2.18	2.18						38	15	23
		个人	154.95								154.95	134.10		20.85				529	2	527
	班老乡	国有																19	19	
		集体																3		3
		个人	3.04								3.04			3.04				38		38
	单甲乡	国有	2.98	2.98		2.98												12		12
		集体																109		109
		个人	2.18								2.18	2.18						6	6	
																		6	6	
																		58		58

续表

统计单位 县	乡镇	茶树所有权	块状 合计	野生型 小计	野生有林	野生疏林	野生灌木	野生园地	野生草地	野生其他	栽培型 小计	栽培有林	栽培疏林	栽培灌木	栽培园地	栽培草地	栽培其他	单株 合计	单株 野生型	单株 栽培型
沧源县	勐角乡	国有	21.98	21.98		21.98												13	13	
	勐省镇	集体	8.38								8.38	8.38						5		5
		个人	68.33								68.33	68.33						50		50
	糯良乡	个人																11		11
	芒卡镇	国有																14	14	
		集体																3		3
		个人	75.20								75.20	57.39		17.81				128	2	126
	勐董镇	集体																9	9	
	勐来乡	国有																9	9	
		个人																28		28
	岩帅镇	个人																82		82
		个人																25		25
小计			58343.49	42429.29	38833.23	21.98	173.32	2313.08		1109.66	15914.20	3167.93		152.56	11206.93	7.04	1379.74	8890	1223	7667
凤庆县		国有	23921.46	23920.94	23747.62		173.32				0.52						0.52			
		集体	13727.12	9548.24	8376.52			776.31		395.41	4178.88	1161.35			3015.77		1.76	87	45	42
		个人	20694.91	8960.11	6709.09			1536.77		714.25	11734.80	2006.58		152.56	8191.16	7.04	1377.46	8803	1178	7625
	大寺乡	集体	2617.49	2617.49	1445.77			776.31		395.41								1		1
		个人	6755.60	2469.85	583.62			1171.98		714.25	4285.75	1256.57		65.41	2698.13		265.64	2585	222	2363

续表

统计单位 县	乡镇	茶树所有权	合计	块状 野生型 小计	野生有林	野生疏林	野生灌木	野生园地	野生草地	野生其他	栽培型 小计	栽培有林	栽培疏林	栽培灌木	栽培园地	栽培草地	栽培其他	单株 合计	单株 野生型	单株 栽培型
凤庆县	凤山镇	国有	0.52								0.52						0.52			
		集体	1215.31								1215.31				1215.31			6		6
		个人	128.27								128.27	8.80			119.47			78		78
	郭大寨	集体	458.79								458.79	97.53			361.26					
		个人	662.31	1.85				1.85			660.46	58.26		82.69	399.07		120.44	160	10	150
	鲁史镇	国有	17506.44	17506.44	17506.44															
		集体	1015.29	398.21	398.21						617.08				617.08			1021	269	752
		个人	387.59	103.06	75.00			28.06			284.53	77.37			142.98		64.18			
	洛党镇	国有	4673.96	4673.96	4500.64		173.32											28	14	14
		集体	173.20								173.20	173.20								
		个人	1807.00	81.72	21.41			60.31			1725.28	39.01		3.33	1477.46		205.48	274	71	203
	勐佑镇	集体	92.18								92.18	90.42					1.76			
		个人	4590.16	2625.54	2624.97			0.57			1964.62	287.12		0.60	1492.38	7.04	177.48	80	1	79
	三岔河镇	集体	514.91	514.91	514.91													31	31	
		个人	2561.77	1742.86	1742.86						818.91	165.04			324.29		329.58			
	诗礼乡	集体	4017.83	4017.83	4017.83													644	8	636
		个人	131.07								131.07				123.39		7.68			
	小湾镇	集体	1390.28	1390.28	1390.28													370	4	366
		个人	430.80	274.00				274.00			156.80	39.68			117.12			2118	513	1605

续表

| 统计单位 | | | 合计 | 块状 野生型 | | | | | | | 块状 栽培型 | | | | | | | 单株 | | |
县	乡镇	茶树所有权		小计	野生有林	野生疏林	野生灌木	野生园地	野生草地	野生其他	小计	栽培有林	栽培疏林	栽培灌木	栽培园地	栽培草地	栽培其他	合计	野生型	栽培型
凤庆县	新华乡	集体	559.38	559.38	559.38													143	59	84
凤庆县	新华乡	个人	26.72								26.72						26.72	21		21
凤庆县	雪山镇	国有	1740.54	1740.54	1740.54															
凤庆县	雪山镇	集体	1672.46	50.14	50.14						1622.32	800.20			822.12			793	21	772
凤庆县	雪山镇	个人	3211.88	1661.23	1661.23						1550.65	74.73		0.53	1296.87		178.52	476		476
凤庆县	腰街乡	个人																61		61
凤庆县	营盘镇	个人	1.74								1.74						1.74			
耿马县	小计		3828.61	0.53			0.53				3828.08	2043.05		52.99	1732.04			308	13	295
耿马县	小计	国有																		
耿马县	小计	集体	255.61	0.53			0.53				255.08				255.08			173	8	165
耿马县	小计	个人	3343.07								3343.07	2043.05		52.99	1247.03			132	3	129
耿马县	小计	其他	229.93								229.93				229.93			1		1
耿马县	大兴乡	集体	0.53	0.53			0.53											1	1	
耿马县	大兴乡	个人	3.23								3.23				3.23			8	8	
耿马县	耿马镇	个人	47.56								47.56			47.56				11	3	8
耿马县	勐简乡	集体	255.08								255.08				255.08			165		165
耿马县	勐简乡	个人	1243.80								1243.80				1243.80			6		6

续表

县	乡镇	茶树所有权	合计	块状 野生型 小计	野生有林	野生疏林	野生灌木	野生园地	野生草地	野生其他	块状 栽培型 小计	栽培有林	栽培疏林	栽培灌木	栽培园地	栽培草地	栽培其他	单株 合计	单株 野生型	单株 栽培型
耿马县	勐简乡	其他	229.93								229.93				229.93					
	勐董镇	个人	34.60								34.60	34.60						37		37
	勐永镇	个人	2008.45								2008.45	2008.45						12		12
	孟定镇	个人	5.43								5.43			5.43				1		1
	贺派乡	个人																61		61
	四排山乡	国有																1	1	
		个人																4		4
	小计		15980.75	9303.03	9303.03						6677.72		34.70		4271.06		2371.96	1143		1143
	国有		9303.03	9303.03	9303.03															
	集体		305.43								305.43		34.70		228.88		41.85	184		184
	个人		6372.29								6372.29				4042.18		2330.11	959		959
临翔区	邦东乡	集体	4322.63								4322.63				3738.23		584.40	27		27
		个人	41.85								41.85						41.85	13		13
	博尚镇	集体																		
	凤翔街道	集体	228.41								228.41						228.41	126		126
	马台乡	个人	1509.96								1509.96						1509.96	41		41
	南美乡	国有	9303.03	9303.03	9303.03															
		集体	263.58								263.58		34.70		228.88					

续表

县	统计单位 乡镇	茶树所有权	块状 合计	野生型 小计	野生有林	野生疏林	野生灌木	野生园地	野生草地	野生其他	栽培型 小计	栽培有林	栽培疏林	栽培灌木	栽培园地	栽培草地	栽培其他	单株 合计	单株 野生型	单株 栽培型
临翔区	南美乡	个人	303.95								303.95				303.95			120		120
	圈内乡	个人	7.34								7.34						7.34	26		26
	蚂蚁堆乡	个人																473		473
	忙畔街道	个人																165		165
	平村乡	个人																121		121
	章驮乡	集体																31		31
	小计		169008.88	137326.78	137326.78						31682.10				31682.10			437	60	377
		国有	137327.48	137326.78	137326.78						0.70				0.70			70	60	10
		集体	27958.18								27958.18				27958.18			7		7
		个人	3723.22								3723.22				3723.22			360		360
双江县	邦丙乡	国有	2726.55	2726.55	2726.55															
		集体	114.38								114.38				114.38			50		50
	大文乡	个人	25.65								25.65				25.65			5	5	
		国有	24963.52	24963.52	24963.52															
		个人	19.12								19.12				19.12			24	24	
	忙糯乡	国有	2661.64	2661.64	2661.64															
		个人	90.46								90.46				90.46					
	勐库镇	国有	44460.01	44460.01	44460.01						0.70				0.70					
		集体	9763.57								9763.57				9763.57			10		10
		个人	3471.98								3471.98				3471.98					

续表

县	乡镇	茶树所有权	块状 合计	野生型 小计	野生有林	野生疏林	野生灌木	野生园地	野生草地	野生其他	栽培型 小计	栽培有林	栽培疏林	栽培灌木	栽培园地	栽培草地	栽培其他	单株 合计	单株 野生型	单株 栽培型
双江县	勐勐镇	国有	40213.92	40213.92	40213.92													31	31	
	勐勐镇	集体	1714.04								1714.04				1714.04					
	勐勐镇	个人	116.01								116.01				116.01			3		3
	沙河乡	国有	22301.14	22301.14	22301.14															
	沙河乡	集体	16366.19								16366.19				16366.19			7		7
	沙河乡	个人																307		307
	小计		126219.01	115092.15	115092.15						11126.86	735.36	208.35	90.90	10026.45		65.80	1332	83	1249
	国有		115092.15	115092.15	115092.15															
	集体		33.51								33.51				33.51					
	个人		11093.35								11093.35	735.36	208.35	90.90	9992.94		65.80	1332	83	1249
永德县	班卡乡	个人	706.65								706.65	69.53	184.55		452.57			54	1	53
	崇岗乡	国有	5140.48	5140.48	5140.48															
	崇岗乡	个人	95.19								95.19			10.76	82.04		2.39	148		148
	大山乡	个人	781.40								781.40				781.40			44	2	42
	大雪山乡	国有	34312.69	34312.69	34312.69															
	大雪山乡	集体	1.49								1.49				1.49					
	大雪山乡	个人	1322.79								1322.79	217.09		80.14	1023.73		1.83	133	4	129
	德党镇	国有	23933.59	23933.59	23933.59															
	德党镇	集体	32.02								32.02				32.02					

续表

县	统计单位 乡镇	茶树所有权	合计	块状 野生型 小计	野生有林	野生疏林	野生灌木	野生园地	野生草地	野生其他	块状 栽培型 小计	栽培有林	栽培疏林	栽培灌木	栽培园地	栽培草地	栽培其他	单株 合计	单株 野生型	单株 栽培型
永德县	德党镇	个人	1376.74								1376.74	3.04			1320.21		53.49	77	6	71
	勐板乡	国有	4817.68	4817.68	4817.68													117		117
	乌木龙乡	个人	2389.99								2389.99				2389.99					
	乌木龙乡	国有	13840.62	13840.62	13840.62															
	小勐统镇	个人	214.96								214.96	88.40	14.97		111.59			328	61	267
	小勐统镇	国有	2365.12								2365.12	85.44			2279.68			53		53
	亚练乡	国有	18844.70	18844.70	18844.70															
	亚练乡	个人	1193.45								1193.45	271.86	8.83		904.67		8.09	339	9	330
	永康镇	国有	14202.39	14202.39	14202.39															
	永康镇	个人	647.06								647.06				647.06			39		39
	小计		34090.96	30777.28	30643.10	134.18					3313.68	126.97	6.22		3180.49			3579	81	3498
		国有	23901.48	23901.48	23767.30	134.18												52	51	1
		集体	136.26	136.26	136.26													1		1
		个人	10189.48	6875.80	6875.80						3313.68	126.97	6.22		3180.49			3526	30	3496
		其他																1		1
云县	爱华镇	国有	3565.24	3565.24	3431.06	134.18												665	28	637
	爱华镇	个人	136.26	136.26	136.26															
	大朝山西镇	个人	1121.04								1121.04				1121.04			726		726

统计单位		茶树所有权	块状															单株		
县	乡镇		合计	野生型							栽培型							合计	野生型	栽培型
				小计	野生有林	野生疏林	野生灌木	野生园地	野生草地	野生其他	小计	栽培有林	栽培疏林	栽培灌木	栽培园地	栽培草地	栽培其他			
云县	漫湾镇	国有	202.79	202.79	202.79															
		个人	2198.51	5.87	5.87						2192.64	126.97	6.22		2059.45			246	1	245
	茂兰镇	国有	10441.12	10441.12	10441.12															
		个人	2551.67	2551.67	2551.67													93		93
	幸福镇	国有	9472.14	9472.14	9472.14															
		集体																43	43	
		个人	4182.00	4182.00	4182.00													109	1	108
	茶房乡	集体																8	8	
		个人																790		790
		其他																1		1
	大寨镇	国有	220.19	220.19	220.19															
		个人																137		137
	后箐乡	个人																230		230
	栗树乡	个人																36		36
	忙怀乡	个人																24		24
	晓街乡	个人																103		103
	涌宝镇	个人																367		367
镇康县	小计		5522.79	867.94	658.35			31.15		178.44	4654.85	216.85			3933.89	1.08	503.03	732	132	600

县	乡镇	茶树所有权	合计	块状 野生型 小计	野生有林	野生疏林	野生灌木	野生园地	野生草地	野生其他	栽培型 小计	栽培有林	栽培疏林	栽培灌木	栽培园地	栽培草地	栽培其他	单株 合计	单株 野生型	单株 栽培型
镇康县		国有	175.26	175.26	175.26													16	16	
		集体	493.46	493.46	300.98			14.04		178.44								89	7	82
		个人	4854.07	199.22	182.11			17.11			4654.85	216.85			3933.89	1.08	503.03	627	109	518
	凤尾镇	集体	178.44	178.44						178.44										
	凤尾镇	个人	487.26	1.28				1.28			485.98				124.64		361.34	13	4	9
	军赛乡	个人	2.93								2.93				2.93			79	18	61
	忙丙乡	国有	49.52	49.52	49.52															
	忙丙乡	集体	300.98	300.98	300.98													78		78
	忙丙乡	个人	1573.01								1573.01				1573.01			5		5
镇康县	勐堆乡	国有	121.60	121.60	121.60													16	16	
	勐堆乡	个人	331.60	182.11	182.11						149.49				7.80		141.69	50	2	48
	勐捧镇	个人	2409.37								2409.37	202.44			2205.85	1.08		5		5
	木场乡	集体	14.04	14.04				14.04										7	7	
	木场乡	个人	20.71	15.83				15.83			4.88				4.88			378	85	293
	南伞镇	国有	4.14	4.14	4.14													4		4
	南伞镇	个人	29.19								29.19	14.41			14.78			97		97

附表 3　临沧市古茶树资源按茶树使用权分地类面积统计表

单位：亩、株

统计单位		茶树所有权	合计	块状 野生型							块状 栽培型							单株		
县	乡镇			小计	野生有林	野生疏林	野生灌木	野生园地	野生草地	野生其他	小计	栽培有林	栽培疏林	栽培灌木	栽培园地	栽培草地	栽培其他	合计	野生型	栽培型
		合计	413176.58	335821.96	331856.64	159.14	173.85	2344.23		1288.10	77354.62	6426.44	249.27	317.30	66032.96	8.12	4320.53	17049	1670	15379
		国有	309745.82	309744.60	309412.14	159.14	173.32				1.22				0.70		0.52	149	139	10
		集体	42775.49	10042.23	8677.50		0.53	790.35		573.85	32733.26	1163.53	34.70		31491.42		43.61	212	125	87
		个人	60425.34	16035.13	13767.00			1553.88		714.25	44390.21	5262.91	214.57	317.30	34310.91	8.12	4276.40	16686	1406	15280
		其他	229.93								229.93				229.93			2		2
沧源县	班洪乡	小计	182.09	24.96		24.96					157.13	136.28		20.85				628	78	550
		国有	24.96	24.96		24.96												61	61	
		集体	2.18								2.18	2.18						38	15	23
		个人	154.95								154.95	134.10		20.85				529	2	527
	班老乡	国有	2.98	2.98		2.98												19	19	
		集体																3		3
		个人	2.18								2.18	2.18						38		38
	单甲乡	国有	3.04								3.04			3.04				12		12
		集体																109		109
		个人																6	6	
	勐角乡	国有	21.98	21.98		21.98												58	13	
		集体																5	6	5

217

续表

县	乡镇	茶树所有权	合计	块状 野生型 小计	野生有林	野生疏林	野生灌木	野生园地	野生草地	野生其他	栽培型 小计	栽培有林	栽培疏林	栽培灌木	栽培园地	栽培草地	栽培其他	单株 合计	单株 野生型	单株 栽培型
沧源县	勐角乡	个人	8.38								8.38	8.38						50		50
	勐省镇	个人	68.33								68.33	68.33						11		11
	糯良乡	国有																14	14	
		集体																3		3
		个人	75.20								75.20	57.39		17.81				128	2	126
	芒卡镇	集体																9	9	
	勐董镇	国有																9	9	
	勐来乡	个人																28		28
	岩帅镇	个人																82		82
	小计		58343.49	42429.29	38833.23		173.32	2313.08		1109.66	15914.20	3167.93		152.56	11206.93	7.04	1379.74	8890	1223	7667
	国有		23921.46	23920.94	23747.62		173.32				0.52						0.52			
	集体		13727.12	9548.24	8376.52			776.31		395.41	4178.88	1161.35			3015.77		1.76	87	45	42
	个人		20694.91	8960.11	6709.09			1536.77		714.25	11734.80	2006.58		152.56	8191.16	7.04	1377.46	8803	1178	7625
凤庆县	大寺乡	集体	2617.49	2617.49	1445.77			776.31		395.41								1		1
		个人	6755.60	2469.85	583.62			1171.98		714.25	4285.75	1256.57		65.41	2698.13		265.64	2585	222	2363
	凤山镇	国有	0.52								0.52						0.52			
		集体	1215.31								1215.31				1215.31			6		6
		个人	128.27								128.27	8.80			119.47			78		78

续表

统计单位		茶树所有权	合计	块状 野生型 小计	野生有林	野生疏林	野生灌木	野生园地	野生草地	野生其他	栽培型 小计	栽培有林	栽培疏林	栽培灌木	栽培园地	栽培草地	栽培其他	单株 合计	单株 野生型	单株 栽培型
县	乡镇																			
凤庆县	郭大寨	集体	458.79								458.79	97.53			361.26					
		个人	662.31	1.85				1.85			660.46	58.26		82.69	399.07		120.44	160	10	150
	鲁史镇	国有	17506.44	17506.44	17506.44															
		集体	1015.29	398.21	398.21						617.08				617.08					
		个人	387.59	103.06	75.00			28.06			284.53	77.37			142.98		64.18	1021	269	752
	洛党镇	国有	4673.96	4673.96	4500.64		173.32													
		集体	173.20								173.20	173.20						28	14	14
		个人	1807.00	81.72	21.41			60.31			1725.28	39.01		3.33	1477.46		205.48	274	71	203
	勐佑镇	集体	92.18								92.18	90.42					1.76	80	1	79
		个人	4590.16	2625.54	2624.97			0.57			1964.62	287.12		0.60	1492.38	7.04	177.48	31	31	
	三岔河镇	集体	514.91	514.91	514.91															
		个人	2561.77	1742.86	1742.86						818.91	165.04			324.29		329.58	644	8	636
	诗礼乡	集体	4017.83	4017.83	4017.83															
		个人	131.07								131.07				123.39		7.68	370	4	366
	小湾镇	集体	1390.28	1390.28	1390.28															
		个人	430.80	274.00				274.00			156.80	39.68			117.12			2118	513	1605
	新华乡	集体	559.38	559.38	559.38															
		个人	26.72								26.72						26.72	143	59	84

续表

| 统计单位 | | | 合计 | 块状 | | | | | | | | | | | | | | 单株 | | |
县	乡镇	茶树所有权		野生型 小计	野生 有林	野生 疏林	野生 灌木	野生 园地	野生 草地	野生 其他	栽培型 小计	栽培 有林	栽培 疏林	栽培 灌木	栽培 园地	栽培 草地	栽培 其他	合计	野生型	栽培型
凤庆县	雪山镇	国有	1740.54	1740.54	1740.54															
	雪山镇	集体	1672.46	50.14	50.14						1622.32	800.20			822.12			21		21
	雪山镇	个人	3211.88	1661.23	1661.23						1550.65	74.73		0.53	1296.87		178.52	793	21	772
	腰街乡	个人																476		476
	营盘镇	个人	1.74								1.74						1.74	61		61
		小计	3828.61	0.53			0.53				3828.08	2043.05		52.99	1732.04			308	13	295
		国有																2	2	
		集体	255.61	0.53			0.53				255.08				255.08			17	7	10
		个人	3343.07								3343.07	2043.05		52.99	1247.03			288	4	284
		其他	229.93								229.93				229.93			1		1
耿马县	大兴乡	国有																1	1	
	大兴乡	集体	0.53	0.53			0.53											7	7	
	大兴乡	个人	3.23								3.23				3.23			12	4	8
	耿马镇	集体	47.56								47.56			47.56				10		10
	耿马镇	个人	255.08								255.08				255.08			155		155
	勐简乡	集体																1		1
	勐简乡	个人	1243.80								1243.80				1243.80					
	勐简乡	其他	229.93								229.93				229.93			6		6

续表

县	乡镇	茶树所有权	现状 合计	野生型 小计	野生有林	野生疏林	野生灌木	野生园地	野生草地	野生其他	栽培型 小计	栽培有林	栽培疏林	栽培灌木	栽培园地	栽培草地	栽培其他	单株 合计	单株 野生型	单株 栽培型
耿马县	勐撒镇	个人	34.60								34.60	34.60						37		37
	勐永镇	个人	2008.45								2008.45	2008.45						12		12
	孟定镇	个人	5.43								5.43			5.43				1		1
	贺派乡	个人	6372.29								6372.29				4042.18		2330.11	61		61
	四排山乡	国有																1	1	
		个人																4		4
	小计		15980.75	9303.03	9303.03						6677.72		34.70		4271.06		2371.96	1143		1143
		国有	9303.03	9303.03	9303.03															
		集体	305.43								305.43		34.70		228.88		41.85			
		个人	6372.29								6372.29				4042.18		2330.11	1143		1143
临翔区	邦东乡	集体	4322.63								4322.63				3738.23		584.40	40		40
	博尚镇	集体	41.85								41.85						41.85			
	凤翔街道	集体																126		126
	马台乡	个人	1509.96								1509.96						1509.96	41		41
	南美乡	国有	9303.03	9303.03	9303.03															
		集体	263.58								263.58		34.70		228.88					
		个人	303.95								303.95				303.95			120		120

县	乡镇	茶树所有权	合计	块状 野生型 小计	野生有林	野生疏林	野生灌木	野生园地	野生草地	野生其他	块状 栽培型 小计	栽培有林	栽培疏林	栽培灌木	栽培园地	栽培草地	栽培其他	单株 合计	单株 野生型	单株 栽培型
临翔区	圈内乡	个人	7.34								7.34						7.34	26		26
	蚂蚁堆乡	个人																473		473
	忙畔街道	个人																165		165
	平村乡	个人																121		121
	章驮乡	个人																31		31
	小计		169008.88	137326.78	137326.78						31682.10				31682.10			437	60	377
		国有	137327.48	137326.78	137326.78						0.70				0.70			70	60	10
		集体	27958.18								27958.18				27958.18			7		7
		个人	3723.22								3723.22				3723.22			360		360
双江县	邦丙乡	国有	2726.55	2726.55	2726.55															
		集体	114.38								114.38				114.38			50		50
		个人	25.65								25.65				25.65			5	5	
	大文乡	国有	24963.52	24963.52	24963.52															
		个人	19.12								19.12				19.12					
	忙糯乡	国有	2661.64	2661.64	2661.64													24	24	
		个人	90.46								90.46				90.46					
	勐库镇	国有	44460.71	44460.01	44460.01						0.70				0.70			10		10
		集体	9763.57								9763.57				9763.57					
		个人	3471.98								3471.98				3471.98					

县	乡镇	茶树所有权	块状 合计	野生型 小计	野生有林	野生疏林	野生灌木	野生园地	野生草地	野生其他	栽培型 小计	栽培有林	栽培疏林	栽培灌木	栽培园地	栽培草地	栽培其他	单株 合计	单株 野生型	单株 栽培型
双江县	勐勐镇	国有	40213.92	40213.92	40213.92													31	31	
		集体	1714.04								1714.04				1714.04					
		个人	116.01								116.01				116.01			3		3
	沙河乡	国有	22301.14	22301.14	22301.14													7		7
		集体	16366.19								16366.19				16366.19			307		307
	小计		126219.01	115092.15	115092.15						11126.86	735.36	208.35	90.90	10026.45		65.80	1332	83	1249
		国有	115092.15	115092.15	115092.15															
		集体	33.51								33.51				33.51					
		个人	11093.35								11093.35	735.36	208.35	90.90	9992.94		65.80	1332	83	1249
永德县	班卡乡	个人	706.65								706.65	69.53	184.55		452.57			54	1	53
	崇岗乡	国有	5140.48	5140.48	5140.48															
		个人	95.19								95.19			10.76	82.04		2.39	148		148
	大山乡	个人	781.40								781.40				781.40			44	2	42
	大雪山乡	国有	34312.69	34312.69	34312.69															
		集体	1.49								1.49				1.49					
		个人	1322.79								1322.79	217.09		80.14	1023.73		1.83	133	4	129
	德党镇	国有	23933.59	23933.59	23933.59															
		集体	32.02								32.02				32.02					

续表

县	乡镇	茶树所有权	块状 合计	野生型 小计	野生乔木	野生疏林	野生灌木	野生园地	野生草地	野生其他	栽培型 小计	栽培乔木	栽培疏林	栽培灌木	栽培园地	栽培草地	栽培其他	单株 合计	单株 野生型	单株 栽培型
永德县	德党镇	个人	1376.74								1376.74	3.04			1320.21		53.49	77	6	71
	勐板乡	国有	4817.68	4817.68	4817.68															
	乌木龙乡	个人	2389.99								2389.99				2389.99			117		117
		国有	13840.62	13840.62	13840.62													328	61	267
	小勐统镇	个人	214.96								214.96	88.40	14.97		111.59			53		53
		国有	2365.12								2365.12	85.44			2279.68			339	9	330
	亚练乡	国有	18844.70	18844.70	18844.70															
		个人	1193.45								1193.45	271.86	8.83		904.67		8.09	39		39
	永康镇	国有	14202.39	14202.39	14202.39															
		个人	647.06								647.06				647.06					
	小计		34090.96	30777.28	30643.10	134.18					3313.68	126.97	6.22		3180.49			3579	81	3498
		国有	23901.48	23901.48	23767.30	134.18														
		集体																1		1
		个人	10189.48	6875.80	6875.80						3313.68	126.97	6.22		3180.49			3526	30	3496
	其他	国有	136.26	136.26	136.26													52	51	1
云县	爱华镇	个人	3565.24	3565.24	3431.06	134.18												665	28	637
		集体	136.26	136.26	136.26													1		1
	大朝山西镇	个人	1121.04								1121.04				1121.04			726		726

续表

| 统计单位 | | | 块状 | 野生型 | | | | | | | 栽培型 | | | | | | | 单株 | | |
县	乡镇	茶树所有权	合计	小计	野生有林	野生疏林	野生灌木	野生园地	野生草地	野生其他	小计	栽培有林	栽培疏林	栽培灌木	栽培园地	栽培草地	栽培其他	合计	野生型	栽培型
云县	漫湾镇	国有	202.79	202.79	202.79															
		个人	2198.51	5.87	5.87						2192.64	126.97	6.22		2059.45			246	1	245
	茂兰镇	国有	10441.12	10441.12	10441.12															
		个人	2551.67	2551.67	2551.67													93		93
	幸福镇	国有	9472.14	9472.14	9472.14															
		集体																43	43	
		个人	4182.00	4182.00	4182.00													109	1	108
	茶房乡	集体																8	8	
		个人																790		790
		其他																1		1
	大寨镇	国有	220.19	220.19	220.19															
		个人																137		137
	后箐乡	个人																230		230
	栗树乡	个人																36		36
	忙怀乡	个人																24		24
	晓街乡	个人																103		103
	涌宝镇	个人																367		367
	小计		5522.79	867.94	658.35			31.15		178.44	4654.85	216.85			3933.89	1.08	503.03	732	132	600
镇康县		国有	175.26	175.26	175.26													16	16	

续表

县	乡镇	茶树所有权	块状 合计	野生型 小计	野生有林	野生疏林	野生灌木	野生园地	野生草地	野生其他	栽培型 小计	栽培有林	栽培疏林	栽培灌木	栽培园地	栽培草地	栽培其他	单株 合计	单株 野生型	单株 栽培型
镇康县		集体	493.46	493.46	300.98			14.04		178.44								11	7	4
		个人	4854.07	199.22	182.11			17.11			4654.85	216.85			3933.89	1.08	503.03	705	109	596
	凤尾镇	集体	178.44	178.44						178.44								13	4	9
		个人	848.60	1.28				1.28			847.32				124.64	361.34	361.34	7	7	
	军赛乡	集体	2.93								2.93				2.93					
		个人	49.52	49.52	49.52													79	18	61
	忙丙乡	国有	1573.01								1573.01				1573.01			83		83
		个人	121.60	121.60	121.60													16	16	
	勐堆乡	集体	300.98	300.98	300.98															
		个人	473.29	182.11	182.11						291.18				7.80	141.69	141.69	50	2	48
	勐捧镇	个人	2409.37								2409.37	202.44			2205.85	1.08		5		5
	木场乡	集体	14.04	14.04				14.04												
		个人	20.71	15.83				15.83			4.88				4.88			378	85	293
	南伞镇	国有	4.14	4.14	4.14													4		4
		个人	29.19								29.19	14.41			14.78			97		97

附表4　临沧市古茶树资源按茶种分地类面积统计表

单位：亩、株

统计单位 县	统计单位 乡镇	茶种	合计	块状 野生型 小计	野生有林	野生疏林	野生灌木	野生园地	野生草地	野生其他	块状 栽培型 小计	栽培有林	栽培疏林	栽培灌木	栽培园地	栽培草地	栽培其他	单株 合计	单株 野生型	单株 栽培型
		合计	413176.58	335821.96	331856.64	159.14	173.85	2344.23		1288.10	77354.62	6426.44	249.27	317.30	6032.96	8.12	4320.53	17049	1670	15379
		茶																7	3	4
		大理茶	346245.19	335809.52	331844.77	159.14	173.85	2343.66		1288.10	10435.67	89.00	34.70		8146.77	7.04	2158.16	3612	1444	2168
		普洱茶	66931.39	12.44	11.87			0.57			66918.95	6337.44	214.57	317.30	57886.19	1.08	2162.37	13429	223	13206
		厚轴茶																1		1
沧源县		小计	182.09	24.96		24.96					157.13	136.28		20.85				628	78	550
		普洱茶	157.13								157.13	136.28		20.85				550		550
		大理茶	24.96	24.96		24.96												78	78	
	班老乡	普洱茶	5.22								5.22	2.18		3.04				121		121
	单甲乡	大理茶	2.98	2.98		2.98												12	12	
	勐角乡	大理茶	21.98	21.98		21.98												58		58
		普洱茶	8.38								8.38	8.38						13	13	
	勐省镇	普洱茶	68.33								68.33	68.33						55		55
	糯良乡	大理茶																11		11
		普洱茶	75.20								75.20			17.81			57.39	16	16	
	班洪乡	大理茶																129		129
		普洱茶																19	19	
	班进乡	普洱茶																41		41

续表

统计单位			块状															单株		
			合计	野生型							栽培型							合计	野生型	栽培型
县	乡镇	茶种		小计	野生有林	野生疏林	野生灌木	野生园地	野生草地	野生其他	小计	栽培有林	栽培疏林	栽培灌木	栽培园地	栽培草地	栽培其他			
沧源县	芒卡镇	大理茶																9	9	
沧源县	勐董镇	大理茶																9	9	
沧源县	勐来乡	普洱茶																28		28
沧源县	糯良乡	普洱茶																82		82
沧源县	岩帅镇	普洱茶																25		25
沧源县	小计		58343.49	42429.29	38833.23		173.32	2313.08		1109.66	15914.20	3167.93		152.56	11206.93	7.04	1379.74	8890	1223	7667
沧源县		普洱茶	15857.32	6.57	6.00			0.57			15850.75	3141.25		152.56	11191.81		1365.13	3	3	
沧源县		大理茶	42486.17	42422.72	38827.23		173.32	2312.51		1109.66	63.45	26.68			15.12	7.04	14.61	6634	178	6456
凤庆县	大寺乡	茶																2253	1042	1211
凤庆县		大理茶	5105.85	5087.34	2029.39			1948.29		1109.66	18.51	2.84			5.71		9.96	3	3	
凤庆县		普洱茶	4267.24								4267.24	1253.73		65.41	2692.42		255.68	201	188	13
凤庆县	凤山镇	普洱茶	1344.10								1344.10	8.80			1334.78		0.52	2382	31	2351
凤庆县		大理茶	1.85	1.85				1.85										84		84
凤庆县	郭大寨	大理茶																4	4	
凤庆县		普洱茶	1119.25								1119.25	155.79		82.69	760.33		120.44	156	6	150
凤庆县	鲁史镇	大理茶	18007.71	18007.71	17979.65			28.06										272	269	3
凤庆县		普洱茶	901.61								901.61	77.37			760.06		64.18	749		749
凤庆县	洛党镇	大理茶	4765.32	4749.68	4516.05		173.32	60.31			15.64	14.02			0.80		0.82	139	84	55
凤庆县		普洱茶	1888.84	6.00	6.00						1882.84	198.19		3.33	1476.66		204.66	163	1	162

续表

<table>
<tr><th rowspan="2">县</th><th rowspan="2">乡镇</th><th rowspan="2">茶种</th><th rowspan="2">合计</th><th colspan="14">块状</th><th colspan="3">单株</th></tr>
<tr><th>野生型
小计</th><th>野生
有林</th><th>野生
疏林</th><th>野生
灌木</th><th>野生
园地</th><th>野生
草地</th><th>野生
其他</th><th>栽培型
小计</th><th>栽培
有林</th><th>栽培
疏林</th><th>栽培
灌木</th><th>栽培
园地</th><th>栽培
草地</th><th>栽培
其他</th><th>合计</th><th>野生型</th><th>栽培型</th></tr>
<tr><td rowspan="16">凤庆县</td><td>勐佑镇</td><td>大理茶</td><td>2653.28</td><td>2624.97</td><td>2624.97</td><td></td><td></td><td></td><td></td><td></td><td>28.31</td><td>9.82</td><td></td><td></td><td>7.62</td><td>7.04</td><td>3.83</td><td>58</td><td>1</td><td>57</td></tr>
<tr><td>勐佑镇</td><td>普洱茶</td><td>2029.06</td><td>0.57</td><td></td><td></td><td></td><td>0.57</td><td></td><td></td><td>2028.49</td><td>367.72</td><td></td><td>0.60</td><td>1484.76</td><td></td><td>175.41</td><td>22</td><td></td><td>22</td></tr>
<tr><td>三岔河镇</td><td>大理茶</td><td>2257.77</td><td>2257.77</td><td>2257.77</td><td></td><td></td><td></td><td></td><td></td><td></td><td></td><td></td><td></td><td></td><td></td><td></td><td>39</td><td>39</td><td></td></tr>
<tr><td>三岔河镇</td><td>普洱茶</td><td>818.91</td><td></td><td></td><td></td><td></td><td></td><td></td><td></td><td>818.91</td><td>165.04</td><td></td><td></td><td>324.29</td><td></td><td>329.58</td><td>636</td><td></td><td>636</td></tr>
<tr><td>诗礼乡</td><td>大理茶</td><td>4017.83</td><td>4017.83</td><td>4017.83</td><td></td><td></td><td></td><td></td><td></td><td></td><td></td><td></td><td></td><td></td><td></td><td></td><td>4</td><td>4</td><td></td></tr>
<tr><td>诗礼乡</td><td>普洱茶</td><td>131.07</td><td></td><td></td><td></td><td></td><td></td><td></td><td></td><td>131.07</td><td></td><td></td><td></td><td>123.39</td><td></td><td>7.68</td><td>366</td><td></td><td>366</td></tr>
<tr><td>小湾镇</td><td>大理茶</td><td>1665.27</td><td>1664.28</td><td>1390.28</td><td></td><td></td><td>274.00</td><td></td><td></td><td>0.99</td><td></td><td></td><td></td><td>0.99</td><td></td><td></td><td>1137</td><td>386</td><td>751</td></tr>
<tr><td>小湾镇</td><td>普洱茶</td><td>155.81</td><td></td><td></td><td></td><td></td><td></td><td></td><td></td><td>155.81</td><td>39.68</td><td></td><td></td><td>116.13</td><td></td><td></td><td>981</td><td>127</td><td>854</td></tr>
<tr><td>新华乡</td><td>大理茶</td><td>559.38</td><td>559.38</td><td>559.38</td><td></td><td></td><td></td><td></td><td></td><td></td><td></td><td></td><td></td><td></td><td></td><td></td><td>127</td><td>54</td><td>73</td></tr>
<tr><td>新华乡</td><td>普洱茶</td><td>26.72</td><td></td><td></td><td></td><td></td><td></td><td></td><td></td><td>26.72</td><td></td><td></td><td></td><td></td><td></td><td>26.72</td><td>16</td><td>5</td><td>11</td></tr>
<tr><td>雪山镇</td><td>大理茶</td><td>3451.91</td><td>3451.91</td><td>3451.91</td><td></td><td></td><td></td><td></td><td></td><td></td><td></td><td></td><td></td><td></td><td></td><td></td><td>68</td><td>13</td><td>55</td></tr>
<tr><td>雪山镇</td><td>普洱茶</td><td>3172.97</td><td></td><td></td><td></td><td></td><td></td><td></td><td></td><td>3172.97</td><td>874.93</td><td></td><td></td><td>2118.99</td><td></td><td>178.52</td><td>746</td><td>8</td><td>738</td></tr>
<tr><td>腰街乡</td><td>大理茶</td><td></td><td></td><td></td><td></td><td></td><td></td><td></td><td></td><td></td><td></td><td></td><td></td><td></td><td></td><td></td><td>203</td><td></td><td>203</td></tr>
<tr><td>腰街乡</td><td>普洱茶</td><td></td><td></td><td></td><td></td><td></td><td></td><td></td><td></td><td></td><td></td><td></td><td></td><td></td><td></td><td></td><td>273</td><td></td><td>273</td></tr>
<tr><td>营盘镇</td><td>大理茶</td><td>1.74</td><td></td><td></td><td></td><td></td><td></td><td></td><td></td><td>1.74</td><td></td><td></td><td></td><td></td><td></td><td>1.74</td><td>1</td><td></td><td>1</td></tr>
<tr><td>营盘镇</td><td>普洱茶</td><td></td><td></td><td></td><td></td><td></td><td></td><td></td><td></td><td></td><td></td><td></td><td></td><td></td><td></td><td></td><td>60</td><td></td><td>60</td></tr>
<tr><td rowspan="3">耿马县</td><td>小计</td><td>茶</td><td>3828.61</td><td>0.53</td><td></td><td></td><td>0.53</td><td></td><td></td><td></td><td>3828.08</td><td>2043.05</td><td></td><td>52.99</td><td>1732.04</td><td></td><td></td><td>308</td><td>13</td><td>295</td></tr>
<tr><td>小计</td><td>普洱茶</td><td>3828.08</td><td></td><td></td><td></td><td></td><td></td><td></td><td></td><td>3828.08</td><td>2043.05</td><td></td><td>52.99</td><td>1732.04</td><td></td><td></td><td>4</td><td></td><td>4</td></tr>
<tr><td></td><td>普洱茶</td><td>3828.08</td><td></td><td></td><td></td><td></td><td></td><td></td><td></td><td>3828.08</td><td>2043.05</td><td></td><td>52.99</td><td>1732.04</td><td></td><td></td><td>231</td><td>1</td><td>230</td></tr>
</table>

续表

统计单位 县	乡镇	茶种	块状 合计	野生型 小计	野生有林	野生疏林	野生灌木	野生园地	野生草地	野生其他	栽培型 小计	栽培有林	栽培疏林	栽培灌木	栽培园地	栽培草地	栽培其他	单株 合计	单株 野生型	单株 栽培型
耿马县		大理茶	0.53	0.53			0.53											73	12	61
	大兴乡	大理茶	0.53	0.53			0.53											11	11	
		普洱茶	3.23								3.23				3.23			9	1	8
	耿马镇	茶																4		4
		普洱茶	47.56								47.56			47.56				162		162
	勐简乡	普洱茶	1728.81								1728.81				1728.81			6		6
	勐撒镇	普洱茶	34.60								34.60	34.60						37		37
	勐永镇	普洱茶	2008.45								2008.45	2008.45						12		12
	孟定镇	普洱茶	5.43								5.43			5.43				1		1
	贺派乡	大理茶																61		61
	四排山乡	大理茶																1	1	
		普洱茶																4		4
临翔区	小计		15980.75	9303.03	9303.03						6677.72		34.70		4271.06		2371.96	1143		1143
		普洱茶	228.41								228.41						228.41	599		599
		大理茶	15752.34	9303.03	9303.03						6449.31		34.70		4271.06		2143.55	544		544
	邦东乡	大理茶	4322.63								4322.63				3738.23		584.40	40		40
	博尚镇	大理茶	41.85								41.85						41.85			
	凤翔街道	普洱茶	228.41								228.41						228.41	126		126
	马台乡	大理茶	1509.96								1509.96						1509.96	41		41

续表

统计单位		茶种	合计	野生型							栽培型							单株		
县	乡镇			小计	野生有林	野生疏林	野生灌木	野生园地	野生草地	野生其他	小计	栽培有林	栽培疏林	栽培灌木	栽培园地	栽培草地	栽培其他	合计	野生型	栽培型
临翔区	南美乡	大理茶	9870.56	9303.03	9303.03						567.53		34.70		532.83			120		120
	圈内乡	大理茶	7.34								7.34						7.34	26		26
	蚂蚁堆乡	普洱茶																473		473
	忙畔街道	大理茶																165		165
	平村乡	大理茶																121		121
	章驮乡	大理茶																31		31
	小计		169008.88	137326.78	137326.78						31682.10				31682.10			437	60	377
		普洱茶	28084.13								28084.13				28084.13			40		40
		大理茶	140924.75	137326.78	137326.78						3597.97				3597.97			397	60	337
双江县	邦丙乡	大理茶	2749.62	2726.55	2726.55						23.07				23.07			13		13
		普洱茶	116.96								116.96				116.96			37		37
	大文乡	大理茶	24975.28	24963.52	24963.52						11.76				11.76			5	5	
		普洱茶	7.36								7.36				7.36					
	忙糯乡	大理茶	2752.10	2661.64	2661.64						90.46				90.46			24	24	
	勐库镇	大理茶	47932.69	44460.01	44460.01						3472.68				3472.68			10		10
		普洱茶	9763.57								9763.57				9763.57					
	勐勐镇	大理茶	40213.92	40213.92	40213.92													31	31	
		普洱茶	1830.05								1830.05				1830.05			3		3
	沙河乡	大理茶	22301.14	22301.14	22301.14													314		314
		普洱茶	16366.19								16366.19				16366.19					

续表

县	乡镇	茶种	合计	野生型 小计	野生有林	野生疏林	野生灌木	野生园地	野生草地	野生其他	栽培型 小计	栽培有林	栽培疏林	栽培灌木	栽培园地	栽培草地	栽培其他	单株 合计	单株 野生型	单株 栽培型
		小计	126219.01	115092.15	115092.15						11126.86	735.36	208.35	90.90	10026.45		65.80	1332	83	1249
		普洱茶	10801.92								10801.92	673.04	208.35	90.90	9763.83		65.80	1278	44	1234
		大理茶	115417.09	115092.15	115092.15						324.94	62.32			262.62			53	39	14
		厚轴茶																1		1
永德县	班卡乡	普洱茶	706.65								706.65	69.53	184.55		452.57			1	1	
	崇岗乡	大理茶	5140.48	5140.48	5140.48													53		53
	崇岗乡	普洱茶	95.19								95.19			10.76	82.04		2.39	148		148
	大山乡	大理茶	781.40								781.40				781.40			2	2	
	大雪山乡	大理茶	34535.17	34312.69	34312.69						222.48	0.50			221.98			42		42
	大雪山乡	普洱茶	1101.80								1101.80	216.59		80.14	803.24		1.83	133	4	129
	德党镇	大理茶	23970.95	23933.59	23933.59						37.36	3.04			34.32			9	5	4
	德党镇	厚轴茶																1		1
	德党镇	普洱茶	1371.40								1371.40				1317.91		53.49	67	1	66
	勐板乡	大理茶	4817.68	4817.68	4817.68													1		1
	勐板乡	普洱茶	2389.99								2389.99				2389.99			116		116
	乌木龙乡	大理茶	13905.72	13840.62	13840.62						65.10	58.78			6.32			31	22	9
	乌木龙乡	普洱茶	149.86								149.86	29.62	14.97		105.27			297	39	258

续表

县	乡镇	茶种	块状 合计	野生型 小计	野生有林	野生疏林	野生灌木	野生园地	野生草地	野生其他	栽培型 小计	栽培有林	栽培疏林	栽培灌木	栽培园地	栽培草地	栽培其他	单株 合计	单株 野生型	单株 栽培型
永德县	小勐统镇	普洱茶	2365.12								2365.12	85.44			2279.68			53		53
	亚练乡	大理茶	18844.70	18844.70	18844.70													9	9	
		普洱茶	1193.45								1193.45	271.86	8.83		904.67		8.09	330		330
	永康镇	大理茶	14202.39	14202.39	14202.39															
		普洱茶	647.06								647.06				647.06			39		39
	小计		34090.96	30777.28	30643.10	134.18					3313.68	126.97	6.22		3180.49			3579	81	3498
		普洱茶	3319.55	5.87	5.87						3313.68	126.97	6.22		3180.49			3497		3497
		大理茶	30771.41	30771.41	30637.23	134.18												82	81	1
云县	爱华镇	大理茶	3701.50	3701.50	3567.32	134.18												28	28	
	大朝山西镇	普洱茶	1121.04								1121.04				1121.04			637		637
	漫湾镇	大理茶	202.79	202.79	202.79													727	727	
		普洱茶	2198.51	5.87	5.87						2192.64	126.97	6.22		2059.45			2	1	1
	茂兰镇	大理茶	12992.79	12992.79	12992.79													244	244	
		普洱茶																93		93
	幸福镇	大理茶	13654.14	13654.14	13654.14													44	44	
		普洱茶																108		108
	茶房乡	大理茶																8	8	
		普洱茶																791		791

续表

| 统计单位 | | 茶种 | 块状 | | | | | | | | | | | | | | | 单株 | | |
| 县 | 乡镇 | | 合计 | 野生型 | | | | | | | 栽培型 | | | | | | | 合计 | 野生型 | 栽培型 |
				小计	野生有林	野生疏林	野生灌木	野生园地	野生草地	野生其他	小计	栽培有林	栽培疏林	栽培灌木	栽培园地	栽培草地	栽培其他			
云县	大寨镇	大理茶	220.19	220.19	220.19															
	大寨镇	普洱茶																137		137
	后箐乡	普洱茶																230		230
	栗树乡	普洱茶																36		36
	忙怀乡	普洱茶																24		24
	晓街乡	普洱茶																103		103
	涌宝镇	普洱茶																367		367
	小计		5522.79	867.94	658.35			31.15		178.44	4654.85	216.85			3933.89	1.08	503.03	732	132	600
		普洱茶	4654.85								4654.85	216.85			3933.89	1.08	503.03	600		600
		大理茶	867.94	867.94	658.35			31.15		178.44								132	132	
镇康县	凤尾镇	大理茶	179.72	179.72				1.28		178.44								4	4	
	凤尾镇	普洱茶	485.98								485.98				124.64		361.34	9		9
	军赛乡	大理茶																25	25	
	军赛乡	普洱茶	2.93								2.93				2.93			61		61
	忙丙乡	大理茶	49.52	49.52	49.52													16	16	
	忙丙乡	普洱茶	1573.01								1573.01				1573.01			83		83
	勐堆乡	大理茶	604.69	604.69	604.69													2	2	
	勐堆乡	普洱茶	149.49								149.49				7.80		141.69	48		48
	勐捧镇	普洱茶	2409.37								2409.37	202.44			2205.85	1.08		5		5

续表

统计单位			块状																单株		
县	乡镇	茶种	合计	野生型								栽培型							合计	野生型	栽培型
				小计	野生有林	野生疏林	野生灌木	野生园地	野生草地	野生其他	小计	栽培有林	栽培疏林	栽培灌木	栽培园地	栽培草地	栽培其他				
镇康县	木场乡	大理茶	29.87	29.87				29.87										85	85	
		普洱茶	4.88								4.88				4.88			293		293
	南伞镇	大理茶	4.14	4.14	4.14															
		普洱茶	29.19								29.19	14.41			14.78			101		101

附表 5　临沧市古茶树资源按地径级分地类面积统计表

单位：亩、株

统计单位			合计	块状																	单株		
县	乡镇	地径级		野生型							栽培型							合计	野生型	栽培型
				小计	野生有林	野生疏林	野生灌木	野生园地	野生草地	野生其他	小计	栽培有林	栽培疏林	栽培灌木	栽培园地	栽培草地	栽培其他			
		合计	413176.58	335821.96	331856.64	159.14	173.85	2344.23		1288.10	77354.62	6426.44	249.27	317.30	66032.96	8.12	4320.53	17049	1670	15379
		地径≤20	317009.09	248233.47	245165.90	134.18	173.32	1626.52		1133.55	68775.62	5865.59	233.52	297.36	60072.50	8.12	2298.53	5155	372	4783
		20<地径≤30	90823.56	83532.55	82657.73	2.98	0.53	716.76		154.55	7291.01	463.58	15.75	17.52	5209.29		1584.87	6691	630	6061
		30<地径≤50	5343.06	4055.94	4033.01	21.98		0.95			1287.12	97.27		2.42	750.30		437.13	4037	464	3573
		地径>50	0.87								0.87				0.87			1166	204	962
沧源县	班老乡	小计	182.09	24.96		24.96					157.13	136.28		20.85				628	78	550
		地径≤20	94.57								94.57	74.80		19.77				326	13	313
		20<地径≤30	65.54	2.98		2.98					62.56	61.48		1.08				208	27	181
		30<地径≤50	21.98	21.98		21.98												84	33	51
		地径>50																10	5	5
	单甲乡	小计	5.22								5.22	2.18		3.04				95		95
		地径≤20																23		23
		20<地径≤30																3		3
		30<地径≤50	2.98	2.98		2.98												27	1	26
		地径>50																30	5	25
	勐角乡	小计	4.29								4.29	4.29						12	5	7
		地径≤20	4.09								4.09	4.09						1	1	
		20<地径≤30																28	3	25
		30<地径≤50																32	6	26

续表

| 统计单位 | | 地径级 | 块状 | | | | | | | | | | | | | | | 单株 | | |
| 县 | 乡镇 | | 合计 | 野生型 | | | | | | | 栽培型 | | | | | | | 合计 | 野生型 | 栽培型 |
				小计	野生有林	野生疏林	野生灌木	野生园地	野生草地	野生其他	小计	栽培有林	栽培疏林	栽培灌木	栽培园地	栽培草地	栽培其他			
	勐角乡	30<地径≤50	21.98	21.98		21.98												6	3	3
		地径>50																2	1	1
	勐省镇	地径≤20	68.33								68.33	68.33						4		4
		20<地径≤30																5		5
		30<地径≤50																2		2
	糯良乡	地径≤20	16.73								16.73			16.73				70	4	66
		20<地径≤30	58.47								58.47	57.39		1.08				60	9	51
		30<地径≤50																14	3	11
		地径>50																1		1
沧源县	班洪乡	20<地径≤30																38	1	37
		30<地径≤50																5	1	4
	芒卡镇	地径≤20																15	15	
		20<地径≤30																2	2	
		30<地径≤50																4	4	
	勐董镇	20<地径≤30																1	1	
		30<地径≤50																4	4	
		地径≤20																14		14
		20<地径≤30																14	5	9
		30<地径≤50																7	3	4
		地径>50																2	1	1

续表

县	乡镇	地径级	块状 合计	野生型 小计	野生有林	野生疏林	野生灌木	野生园地	野生草地	野生其他	栽培型 小计	栽培有林	栽培疏林	栽培灌木	栽培园地	栽培草地	栽培其他	单株 合计	单株 野生型	单株 栽培型
沧源县	勐来乡	地径≤20																43		43
沧源县	勐来乡	20<地径≤30																24		24
沧源县	勐来乡	30<地径≤50																13		13
沧源县	勐来乡	地径>50																2		2
沧源县	岩帅镇	地径≤20																3		3
沧源县	岩帅镇	20<地径≤30																14		14
沧源县	岩帅镇	30<地径≤50																8		8
沧源县		小计	58343.49	42429.29	38833.23		173.32	2313.08		1109.66	15914.20	3167.93		152.56	11206.93	7.04	1379.74	8890	1223	7667
沧源县		地径≤20	49534.38	35489.81	32750.69		173.32	1610.69		955.11	14044.57	3009.63		146.81	9812.56	7.04	1068.53	2432	238	2194
沧源县		20<地径≤30	4495.45	2905.52	2049.53			701.44		154.55	1589.93	113.20		3.33	1181.58		291.82	3559	524	3035
沧源县		30<地径≤50	4313.66	4033.96	4033.01			0.95			279.70	45.10		2.42	212.79		19.39	2249	320	1929
沧源县		地径>50																650	141	509
凤庆县	大寺乡	地径≤20	7405.36	4082.30	1880.72			1246.47		955.11	3323.06	1159.81		62.99	2028.74		71.52	249	8	241
凤庆县	大寺乡	20<地径≤30	1696.49	1004.09	148.67			700.87		154.55	692.40	55.52			462.15		174.73	863	41	822
凤庆县	大寺乡	30<地径≤50	271.24	0.95				0.95			270.29	41.24		2.42	207.24		19.39	1099	120	979
凤庆县	大寺乡	地径>50																375	53	322
凤庆县	凤山镇	地径≤20	1341.93								1341.93	8.80			1333.13			28		28
凤庆县	凤山镇	20<地径≤30	2.17								2.17				1.65		0.52	38		38
凤庆县	凤山镇	30<地径≤50																18		18

续表

县	乡镇	地径级	块状 合计	野生型 小计	野生 有林	野生 疏林	野生 灌木	野生 园地	野生 草地	野生 其他	栽培型 小计	栽培 有林	栽培 疏林	栽培 灌木	栽培 园地	栽培 草地	栽培 其他	单株 合计	单株 野生型	单株 栽培型
凤庆县	郭大寨	地径≤20	1040.24	1.85				1.85			1038.39	154.39			82.69	697.85		103.46	154	8	146
		20<地径≤30	80.86								80.86	1.40				62.48		16.98	6	2	4
	鲁史镇	地径≤20	17994.53	17092.92	17064.86			28.06			901.61	77.37				760.06		64.18	432	62	370
		20<地径≤30	914.79	914.79	914.79														492	173	319
		30<地径≤50																	90	30	60
		地径>50																	7	4	3
	洛党镇	地径≤20	6125.80	4755.68	4522.05		173.32	60.31			1370.12	174.54				1007.40		188.18	109	3	106
		20<地径≤30	527.22								527.22	37.67		3.33		468.92		17.30	97	34	63
		30<地径≤50	1.14								1.14					1.14			70	30	40
		地径>50																	26	18	8
	勐佑镇	地径≤20	4640.78	2624.97	2624.97						2015.81	356.49		0.60		1479.38	7.04	172.30	53	1	52
		20<地径≤30	36.29	0.57				0.57			35.72	17.19				11.59		6.94	25		25
		30<地径≤50	5.27								5.27	3.86				1.41			2		2
	三岔河镇	地径≤20	770.90								770.90	165.04				286.32		319.54	323	12	311
		20<地径≤30	231.95	186.94	186.94						45.01					34.97		10.04	263	16	247
		30<地径≤50	2073.83	2070.83	2070.83						3.00					3.00			86	8	78
		地径>50																	3	3	
	诗礼乡	地径≤20	1387.59	1256.52	1256.52						131.07					123.39		7.68	89		89
		20<地径≤30	799.13	799.13	799.13														221		221

续表

统计单位			块状															单株		
县	乡镇	地径级	合计	野生型							栽培型							合计	野生型	栽培型
				小计	野生有林	野生疏林	野生灌木	野生园地	野生草地	野生其他	小计	栽培有林	栽培疏林	栽培灌木	栽培园地	栽培草地	栽培其他			
凤庆县	诗礼乡	30<地径≤50	1962.18	1962.18	1962.18													58	3	55
		地径>50																2	1	1
	小湾镇	地径≤20	1821.08	1664.28	1390.28			274.00			156.80	39.68			117.12			491	125	366
		20<地径≤30																802	225	577
		30<地径≤50																600	107	493
		地径>50																225	56	169
	新华乡	地径≤20	586.10	559.38	559.38						26.72						26.72	39	16	23
		20<地径≤30																60	26	34
		30<地径≤50																36	12	24
		地径>50																8	5	3
	雪山镇	地径≤20	6420.07	3451.91	3451.91						2968.16	873.51		0.53	1979.17		114.95	313	3	310
		20<地径≤30	204.81								204.81	1.42			139.82		63.57	395	7	388
		30<地径≤50																105	10	95
		地径>50																1	1	
	营盘镇	20<地径≤30																35		35
		30<地径≤50	1.74								1.74						1.74	22		22
	腰街乡	地径≤20																4		4
		20<地径≤30																117		117
		30<地径≤50																275		275

续表

县	乡镇	地径级	块状 合计	野生型 小计	野生有林	野生疏林	野生灌木	野生园地	野生草地	野生其他	栽培型 小计	栽培有林	栽培疏林	栽培灌木	栽培园地	栽培草地	栽培其他	单株 合计	单株 野生型	单株 栽培型
凤庆县	腰街乡	30<地径≤50																81		81
		地径>50																3		3
		小计	3828.61	0.53			0.53				3828.08	2043.05		52.99	1732.04			308	13	295
		地径≤20	3823.62								3823.62	2043.05		50.64	1729.93			126	4	122
		20<地径≤30	4.99	0.53			0.53				4.46			2.35	2.11			132	4	128
		30<地径≤50																47	5	42
		地径>50																3		3
	大兴乡	地径≤20	1.12								1.12				1.12			7	3	4
		20<地径≤30	2.64	0.53			0.53				2.11				2.11			6	4	2
		30<地径≤50																7	5	2
耿马县	耿马镇	地径≤20	45.96								45.96			45.96				91		91
		20<地径≤30	1.60								1.60			1.60				62		62
		30<地径≤50																12		12
		地径>50	1728.81								1728.81				1728.81			1		1
	勐简乡	地径≤20																2		2
		20<地径≤30																1		1
		30<地径≤50																3		3
	勐撒镇	地径≤20	34.60								34.60	34.60						6		6
		20<地径≤30																27		27
		30<地径≤50																4		4

续表

县	乡镇	地径级	合计	块状														单株		
				野生型							栽培型							合计	野生型	栽培型
				小计	野生有林	野生疏林	野生灌木	野生园地	野生草地	野生其他	小计	栽培有林	栽培疏林	栽培灌木	栽培园地	栽培草地	栽培其他			
耿马县	勐永镇	地径≤20	2008.45								2008.45	2008.45						3		3
		20<地径≤30																2		2
		30<地径≤50																7		7
	孟定镇	地径≤20	4.68								4.68			4.68				1		1
		20<地径≤30	0.75								0.75			0.75				14		14
	贺派乡	地径≤20																31		31
		20<地径≤30																14		14
		30<地径≤50																2		2
		地径>50																3	1	2
	四排山乡	20<地径≤30																2		2
	小计		15980.75	9303.03	9303.03						6677.72		34.70		4271.06		2371.96	1143		1143
		地径≤20	11662.27	9303.03	9303.03						2359.24		34.70		1613.03		711.51	435		435
		20<地径≤30	3653.61								3653.61				2402.05		1251.56	377		377
		30<地径≤50	664.87								664.87				255.98		408.89	267		267
		地径>50	1201.08								1201.08				1201.08			64		64
临翔区	邦东乡	20<地径≤30	2484.03								2484.03				2308.52		175.51	10		10
		30<地径≤50	637.52								637.52				228.63		408.89	20		20
		地径>50																10		10

续表

县	乡镇	地径级	合计	块状 野生型 小计	野生有林	野生疏林	野生灌木	野生园地	野生草地	野生其他	块状 栽培型 小计	栽培有林	栽培疏林	栽培灌木	栽培园地	栽培草地	栽培其他	单株 合计	单株 野生型	单株 栽培型
临翔区	博尚镇	地径≤20	41.85								41.85						41.85			
	凤翔街道	地径≤20	217.82								217.82						217.82	78		78
		20<地径≤30	10.59								10.59						10.59	41		41
		30<地径≤50																7		7
	马台乡	地径≤20	448.75								448.75						448.75	19		19
		20<地径≤30	1061.21								1061.21						1061.21	13		13
		30<地径≤50																9		9
	南美乡	地径≤20	9749.68	9303.03	9303.03						446.65		34.70		411.95			25		25
		20<地径≤30	93.53								93.53				93.53			61		61
		30<地径≤50	27.35								27.35				27.35			30		30
		地径>50																4		4
	圈内乡	地径≤20	3.09								3.09						3.09	15		15
		20<地径≤30	4.25								4.25						4.25	7		7
		30<地径≤50																4		4
	蚂蚁堆乡	地径≤20																181		181
		20<地径≤30																149		149
		30<地径≤50																123		123
		地径>50																20		20

续表

县	乡镇	地径级	合计	野生型 小计	野生有林	野生疏林	野生灌木	野生园地	野生草地	野生其他	栽培型 小计	栽培有林	栽培疏林	栽培灌木	栽培园地	栽培草地	栽培其他	单株 合计	单株 野生型	单株 栽培型
临翔区	忙畔街道	地径≤20																74		74
		20<地径≤30																56		56
		30<地径≤50																34		34
		地径>50																1		1
	平村乡	地径≤20																31		31
		20<地径≤30																26		26
		30<地径≤50																36		36
		地径>50																28		28
	章驮乡	地径≤20																12		12
		20<地径≤30																14		14
		30<地径≤50																4		4
		地径>50																1		1
	小计	小计	169008.88	137326.78	137326.78						31682.10				31682.10			437	60	377
		地径≤20	167625.06	137326.78	137326.78						30298.28				30298.28			282	42	240
		20<地径≤30	1326.09								1326.09				1326.09			133	8	125
		30<地径≤50	57.73								57.73				57.73			20	8	12
		地径>50																2	2	
双江县	邦丙乡	地径≤20	2866.58	2726.55	2726.55						140.03				140.03			33		33
		20<地径≤30																15		15
		30<地径≤50																2		2

续表

统计单位		地径级	块状															单株		
县	乡镇		合计	野生型							栽培型							合计	野生型	栽培型
				小计	野生有林	野生疏林	野生灌木	野生园地	野生草地	野生其他	小计	栽培有林	栽培疏林	栽培灌木	栽培园地	栽培草地	栽培其他			
双江县	大文乡	地径≤20	24982.64	24963.52	24963.52						19.12				19.12			4	4	
		20<地径≤30																1	1	
	忙糯乡	地径≤20	2745.57	2661.64	2661.64						83.93				83.93			20	20	
		20<地径≤30	6.53								6.53				6.53			2	2	
		30<地径≤50																2	2	
	勐库镇	地径≤20	56399.55	44460.01	44460.01						11939.54				11939.54					
		20<地径≤30	1238.98								1238.98				1238.98			8		8
		30<地径≤50	57.73								57.73				57.73			2		2
	勐勐镇	地径≤20	41963.39	40213.92	40213.92						1749.47				1749.47			18	18	
		20<地径≤30	80.58								80.58				80.58			6	5	1
		30<地径≤50																8	6	2
		地径>50																2	2	
	沙河乡	地径≤20	38667.33	22301.14	22301.14						16666.19				16666.19			207		207
		20<地径≤30																101		101
		30<地径≤50																6		6
	小计		126219.01	115092.15	115092.15						11126.86	735.36	208.35	90.90	10026.45		65.80	1332	83	1249
永德县		地径≤20	44780.84	34500.57	34500.57						10280.27	406.54	192.60	80.14	9544.04		56.95	442	4	438
		20<地径≤30	81152.48	80591.58	80591.58						560.90	276.65	15.75	10.76	257.74			518	17	501
		30<地径≤50	284.82								284.82	52.17			223.80		8.85	279	29	250

续表

统计单位 县	乡镇	地径级	合计	野生型 小计	野生有林	野生疏林	野生灌木	野生园地	野生草地	野生其他	栽培型 小计	栽培有林	栽培疏林	栽培灌木	栽培园地	栽培草地	栽培其他	单株 合计	单株 野生型	单株 栽培型
	班卡乡	地径>50	0.87								0.87				0.87			93	33	60
		地径≤20	706.65								706.65	69.53	184.55		452.57			14		14
		20<地径≤30																24		24
		30<地径≤50																16	1	15
	崇岗乡	地径≤20	5223.94	5140.48	5140.48						83.46				81.07		2.39	56		56
		20<地径≤30	11.73								11.73			10.76	0.97			76		76
		30<地径≤50																13		13
		地径>50																3		3
永德县	大山乡	地径≤20	781.40								781.40				781.40			31	1	30
		20<地径≤30																7		7
		30<地径≤50																4		4
		地径>50																2	1	1
	大雪山乡	地径≤20	1583.06	608.82	608.82						974.24	145.83		80.14	747.20		1.07	42	1	41
		20<地径≤30	33874.24	33703.87	33703.87						170.37	71.26			99.11			60		60
		30<地径≤50	179.67								179.67				178.91		0.76	22		22
		地径>50																9	3	6
	德党镇	地径≤20	25334.07	23933.59	23933.59						1400.48				1346.99		53.49	30		30
		20<地径≤30	7.28								7.28	3.04			4.24			23	1	22
		30<地径≤50	1.00								1.00				1.00			16	2	14
		地径>50																8	3	5

续表

统计单位 县	乡镇	地径级	块状 合计	野生型 小计	野生有林	野生疏林	野生灌木	野生园地	野生草地	野生其他	栽培型 小计	栽培有林	栽培疏林	栽培灌木	栽培园地	栽培草地	栽培其他	单株 合计	单株 野生型	单株 栽培型
永德县	勐板乡	地径≤20	7207.67	4817.68	4817.68						2389.99				2389.99			53		53
		20＜地径≤30																53		53
		30＜地径≤50																8		8
		地径＞50																3		3
	乌木龙乡	地径≤20	35.19								35.19	9.44	6.64		19.11			50	2	48
		20＜地径≤30	13955.06	13840.62	13840.62						114.44	33.05	8.33		73.06			105	16	89
		30＜地径≤50	64.46								64.46	45.91			18.55			123	20	103
		地径＞50	0.87								0.87				0.87			50	23	27
	小勐统镇	地径≤20	2365.12								2365.12	85.44			2279.68			17		17
		20＜地径≤30																31		31
		30＜地径≤50																5		5
	亚练乡	地径≤20	896.68								896.68	96.30	1.41		798.97			127		127
		20＜地径≤30	19101.78	18844.70	18844.70						257.08	169.30	7.42		80.36			129		129
		30＜地径≤50	39.69								39.69	6.26			25.34		8.09	65	6	59
	永康镇	地径≤20	647.06								647.06				647.06			18	3	15
		20＜地径≤30	14202.39	14202.39	14202.39													22		22
		30＜地径≤50																10		10
		地径＞50																7		7
云县	小计		34090.96	30777.28	30643.10	134.18					3313.68	126.97	6.22		3180.49			3579	81	3498

续表

统计单位		地径级	块状																单株		
				野生型							栽培型										
县	乡镇		合计	小计	野生有林	野生疏林	野生灌木	野生园地	野生草地	野生其他	小计	栽培有林	栽培疏林	栽培灌木	栽培园地	栽培草地	栽培其他	合计	野生型	栽培型
云县		地径≤20	34090.96	30777.28	30643.10	134.18					3313.68	126.97	6.22		3180.49			848	52	796
		20<地径≤30																1485	13	1472
		30<地径≤50																935	12	923
		地径>50																311	4	307
	婴华镇	地径≤20	3701.50	3701.50	3567.32	134.18												157	1	156
		20<地径≤30																286	13	273
		30<地径≤50																182	12	170
		地径>50																40	2	38
	大朝山西镇	地径≤20	1121.04								1121.04				1121.04			288		288
		20<地径≤30																352		352
		30<地径≤50																74		74
		地径>50																13		13
	漫湾镇	地径≤20	2401.30	208.66	208.66						2192.64	126.97	6.22		2059.45			29		29
		20<地径≤30																103		103
		30<地径≤50																85		85
		地径>50																29	1	28
	茂兰镇	地径≤20	12992.79	12992.79	12992.79													3		3
		20<地径≤30																14		14
		30<地径≤50																36		36
		地径>50																40		40

续表

县	乡镇	地径级	合计	块状 野生型 小计	野生有林	野生疏林	野生灌木	野生园地	野生草地	野生其他	栽培型 小计	栽培有林	栽培疏林	栽培灌木	栽培园地	栽培草地	栽培其他	单株 合计	野生型	栽培型
云县	幸福镇	地径≤20	13654.14	13654.14	13654.14													64	43	21
		20<地径≤30																41		41
		30<地径≤50																35		35
		地径>50																12	1	11
	茶房乡	地径≤20																136	8	128
		20<地径≤30																460		460
		30<地径≤50																182		182
		地径>50																21		21
	大寨镇	地径≤20	220.19	220.19	220.19													32		32
		20<地径≤30																56		56
		30<地径≤50																37		37
		地径>50																12		12
	后箐乡	地径≤20																91		91
		20<地径≤30																81		81
		30<地径≤50																30		30
		地径>50																28		28
	栗树乡	地径≤20																4		4
		20<地径≤30																11		11
		30<地径≤50																20		20
		地径>50																1		1

续表

统计单位		地径级	合计	块状															单株		
				野生型							栽培型										
县	乡镇			小计	野生有林	野生疏林	野生灌木	野生园地	野生草地	野生其他	小计	栽培有林	栽培疏林	栽培灌木	栽培园地	栽培草地	栽培其他	合计	野生型	栽培型
云县	忙怀乡	地径≤20																3		3
		20<地径≤30																12		12
		30<地径≤50																4		4
		地径>50																5		5
	晓街乡	地径≤20																38		38
		20<地径≤30																39		39
		30<地径≤50																20		20
		地径>50																6		6
	涌宝镇	地径≤20																3		3
		20<地径≤30																30		30
		30<地径≤50																230		230
		地径>50																104		104
		小计	5522.79	867.94	658.35			31.15		178.44	4654.85	216.85			3933.89	1.08	503.03	732	132	600
		地径≤20	5397.39	836.00	641.73			15.83		178.44	4561.39	204.60			3894.17	1.08	461.54	264	19	245
		20<地径≤30	125.40	31.94	16.62			15.32			93.46	12.25			39.72		41.49	279	37	242
		30<地径≤50																156	57	99
		地径>50																33	19	14
镇康县	凤尾镇	地径≤20	664.42	178.44						178.44	485.98				124.64		361.34	33	19	14
		20<地径≤30	1.28	1.28				1.28										2		2
		30<地径≤50																10	3	7
		地径>50																1	1	

续表

统计单位 县	乡镇	地径级	合计	块状 野生型 小计	野生有林	野生疏林	野生灌木	野生园地	野生草地	野生其他	栽培型 小计	栽培有林	栽培疏林	栽培灌木	栽培园地	栽培草地	栽培其他	单株 合计	野生型	栽培型
镇康县	军赛乡	地径≤20	2.18								2.18				2.18			27	1	26
		20<地径≤30	0.75								0.75				0.75			30	7	23
		30<地径≤50																20	10	10
		地径>50																9	7	2
	忙丙乡	地径≤20	1587.80	32.90	32.90						1554.90				1554.90			37	2	35
		20<地径≤30	34.73	16.62	16.62						18.11				18.11			33	6	27
		30<地径≤50																25	6	19
		地径>50																4	2	2
	勐堆乡	地径≤20	712.69	604.69	604.69						108.00				7.80		100.20	21	2	19
		20<地径≤30	41.49								41.49						41.49	20		20
		30<地径≤50																9		9
	勐捧镇	地径≤20	2400.78								2400.78	202.44			2197.26	1.08		1		1
		20<地径≤30	8.59								8.59				8.59			2		2
		30<地径≤50																1		1
		地径>50																1		1
	木场乡	地径≤20	18.94	15.83				15.83			3.11				3.11			141	14	127
		20<地径≤30	15.81	14.04				14.04			1.77				1.77			143	21	122
		30<地径≤50																78	41	37
		地径>50																16	9	7

续表

统计单位		地径级	块状															单株		
县	乡镇		合计	野生型							栽培型							合计	野生型	栽培型
				小计	野生有林	野生疏林	野生灌木	野生园地	野生草地	野生其他	小计	栽培有林	栽培疏林	栽培灌木	栽培园地	栽培草地	栽培其他			
镇康县	南伞镇	地径≤20	10.58	4.14	4.14						6.44	2.16			4.28			35		35
		20<地径≤30	22.75								22.75	12.25			10.50			41		41
		30<地径≤50																23		23
		地径>50																2		2

附表 6　临沧市古茶树资源按年龄级分地类株数统计表

单位：株

县	乡镇	年龄级	总计	块状 合计	野生型 小计	野生有林	野生疏林	野生灌木	野生园地	野生草地	野生其他	栽培型 小计	栽培有林	栽培疏林	栽培灌木	栽培园地	栽培草地	栽培其他	单株 合计	单株 野生型	单株 栽培型
		合计	10834726	10817677	5982602	5902643	954	1397	47793		29815	4835075	758531	17076	14529	3764890	519	279530	17049	1670	15379
		<300	10546411	10531919	5875823	5853255	915	1397	10306		9950	4656096	738118	17076	13941	3617203	519	269239	14492	1244	13248
		300~499	244311	242601	79485	40029	39		27620		11797	163116	19099		588	134084		9345	1710	334	1376
		≥500	44004	43157	27294	9359			9867		8068	15863	1314			13603		946	847	92	755
沧源县		小计	7441	6813	149		149					6664	5915		749				628	78	550
		<300	7361	6774	110		110					6664	5915		749				587	43	544
		300~499	63	39	39		39												24	21	3
		≥500	17																17	14	3
	班老乡	<300	461	340								340	146		194				121		121
	单甲乡	<300	61																61	3	58
		300~499	44	39	39		39												5	5	
		≥500	4																4	4	
	勐角乡	<300	431	363	110		110					253	253						68	13	55
	勐省镇	<300	2196	2187								2187	2187						9		9
		≥500	2																2		2
	糯良乡	<300	4017	3884								3884	3329		555				133	7	126
		300~499	9																9	7	2
		≥500	3																3	2	1

续表

统计单位			总计	合计	块状 野生型							块状 栽培型							单株		
县	乡镇	年龄级			小计	野生有林	野生疏林	野生灌木	野生园地	野生草地	野生其他	小计	栽培有林	栽培疏林	栽培灌木	栽培园地	栽培草地	栽培其他	合计	野生型	栽培型
沧源县	班洪乡	<300	55																55	14	41
		300—499	3																3	3	
		≥500	2																2	2	
	勐来乡	<300	82																82		82
	芒卡镇	<300	4																4	4	
		300—499	2																2	2	
		≥500	3																3	3	
	勐董镇	<300	29																29	2	27
		300—499	5																5	4	1
		≥500	3																3	3	
	岩帅镇	<300	25																25		25
	小计		1383028	1374138	332269	262777		1387	45706		22499	1041769	235867		7218	718683	352	79649	8890	1223	7667
凤庆县		<300	1222685	1215663	228483	216229		1387	8233		2634	987180	226567		7218	674288	352	78755	7022	951	6071
		300—499	127635	126457	76592	37189			27606		11797	49865	8354			40617		894	1178	203	975
		≥500	32708	32018	27294	9359			9867		8068	4724	946			3778			690	69	621
	大寺乡	<300	180052	178398	17243	8675			5934		2634	161155	67111		2113	82668		9263	1654	131	1523
		300—499	97370	96608	47057	8917			26343		11797	49551	8354			40303		894	762	57	705
		≥500	32188	32018	27294	9359			9867		8068	4724	946			3778			170	34	136

续表

县	乡镇	年龄级	总计	块状 合计	野生型 小计	野生 有林	野生 疏林	野生 灌木	野生 园地	野生 草地	野生 其他	栽培型 小计	栽培 有林	栽培 疏林	栽培 灌木	栽培 园地	栽培 草地	栽培 其他	单株 合计	单株 野生型	单株 栽培型
凤庆县	凤山镇	<300	134592	134509								134509	284			134209		16	83		83
		300~499	1																1		1
	郭大寨	<300	88028	87876	15				15			87861	10230		4961	66574		6096	152	8	144
		300~499	2																2	1	1
		≥500	6																6	1	5
	鲁史镇	<300	132648	131750	71850	71850						59900	4599			51221		4080	898	198	700
		300~499	29971	29849	29535	28272			1263			314				314			122	70	52
		≥500	1																1	1	
	洛党镇	<300	121102	120837	41263	38971		1387	905			79574	13033		107	60218		6216	265	55	210
		300~499	26																26	21	5
		≥500	11																11	9	2
	勐佑镇	<300	111616	111536	31784	31775			9			79752	15577		16	57875	352	5932	80	1	79
	三岔河镇	<300	125452	124783	14613	14613						110170	20300			49750		40120	669	35	634
		300~499	5																5	3	2
		≥500	1																1	1	
	诗礼乡	<300	52690	52349	20090	20090						32259				31946		313	341		341
		300~499	24																24	2	22
		≥500	5																5	2	3

255

续表

县	乡镇	年龄级	总计	块状合计	野生型小计	野生有林	野生疏林	野生灌木	野生园地	野生草地	野生其他	栽培型小计	栽培有林	栽培疏林	栽培灌木	栽培园地	栽培草地	栽培其他	单株合计	单株野生型	单株栽培型
凤庆县	小湾镇	<300	46663	45224	8322	6952			1370			36902	12991			23911			1439	445	994
		300-499	195																195	48	147
		≥500	484																484	20	464
	新华乡	<300	4133	3990	3188	3188						802						802	143	59	84
	雪山镇	<300	225134	224359	20115	20115						204244	82442		21	115916		5865	775	19	756
		300-499	29																29	1	28
		≥500	10																10	1	9
	腰街乡	<300	464																464		464
		300-499	11																11		11
		≥500	1																1		1
	营盘镇	<300	111	52								52						52	59		59
		300-499	1																1		1
		≥500	1																1		1
	小计		521043	520735	10			10				520725	433860		1959	8906			308	13	295
		<300	520419	520147	10			10				520137	433860		1371	8906			272	11	261
		300-499	623	588								588			588				35	1	34
		≥500	1																1	1	
耿马县	大兴乡	<300	233	215	10			10				205				205			18	10	8
		300-499	1																1	1	
		≥500	1																1	1	

续表

县	乡镇	年龄级	总计	块状 合计	野生型 小计	野生有林	野生疏林	野生灌木	野生园地	野生草地	野生其他	栽培型 小计	栽培有林	栽培疏林	栽培灌木	栽培园地	栽培草地	栽培其他	单株 合计	单株 野生型	单株 栽培型
耿马县	耿马镇	<300	1346	1181					1181				1181				1181			165		165
		300~499	589	588					588				588				588			1		1
	勐简乡	<300	84703	84701									84701				84701			2		2
		300~499	4																	4		4
	勐撒镇	<300	17337	17300									17300	17300						37		37
	勐永镇	<300	416570	416560									416560	416560						10		10
		300~499	2																	2		2
	孟定镇	<300	191	190					190				190				190			1		1
	四排山乡	<300	4																	4	1	3
		300~499	1																	1		1
	贺派乡	<300	35																	35		35
		300~499	26																	26		26
		小计	446533	445390	232577	232577							212813		1219		137318		74276	1143		1143
		<300	360831	359831	232577	232577							127254		1219		60671		65364	1000		1000
		300~499	84262	84151									84151				76185		7966	111		111
		≥500	1440	1408									1408				462		946	32		32
临翔区	邦东乡	<300	54542	54539									54539				44241		10298	3		3
		300~499	82996	82983									82983				75335		7648	13		13
		≥500	1432	1408									1408				462		946	24		24

续表

统计单位		年龄级	总计	块状																		单株		
县	乡镇			合计	野生型							栽培型							合计		野生型	栽培型
					小计	野生有林	野生疏林	野生灌木	野生园地	野生草地	野生其他	小计	栽培有林	栽培疏林	栽培灌木	栽培园地	栽培草地	栽培其他				
临翔区	博尚镇	<300	1339	1339								1339						1339				
	凤翔街道	<300	6600	6535								6535						6535	65	65		65
		300~499	379	318								318						318	61	61		61
	马台乡	<300	46994	46962								46962						46962	32	32		32
		300~499	9																9	9		9
	南美乡	<300	250331	250226	232577	232577						17649		1219		16430			105	105		105
		300~499	863	850								850				850			13	13		13
		≥500	2																2	2		2
	圈内乡	<300	256	230								230						230	26	26		26
	蚂蚁堆乡	<300	463																463	463		463
		300~499	8																8	8		8
		≥500	2																2	2		2
	忙畔街道	<300	155																155	155		155
		300~499	6																6	6		6
		≥500	4																4	4		4
	平村乡	<300	120																120	120		120
		300~499	1																1	1		1
	章驮乡	<300	31																31	31		31

续表

统计单位		年龄级	总计	块状																单株		
县	乡镇			合计	野生型							栽培型							合计	野生型	栽培型	
					小计	野生有林	野生疏林	野生灌木	野生园地	野生草地	野生其他	小计	栽培有林	栽培疏林	栽培灌木	栽培园地	栽培草地	栽培其他			
双江县		小计	5405559	5405122	4394168	4394168						1010954				1010954			437	60	377
		<300	5403948	5403579	4392643	4392643						1010936				1010936			369		369
		300~499	1611	1543	1525	1525						18				18			68	60	8
	邦丙乡	<300	91791	91741	87250	87250						4491				4491			50		50
	大文乡	<300	799638	799633	798833	798833						800				800			5	5	
	忙糯乡	<300	84549	84549	83914	83914						635				635					
		300~499	1168	1144	1144	1144													24	24	
	勐库镇	<300	1840397	1840395	1422720	1422720						417675				417675			2		2
		300~499	26	18								18				18			8		8
	勐勐镇	<300	1349910	1349907	1286289	1286289						63618				63618			3		3
		300~499	412	381	381	381													31	31	
	沙河乡	<300	1237668	1237354	713637	713637						523717				523717			314		314
永德县		小计	1509725	1508393	694224	694224						814169	37884	15467	4603	752960		3255	1332	83	1249
		<300	1477853	1475594	694224	694224						781370	26771	15467	4603	731759		2770	1259	52	1207
		300~499	23129	23068								23068	10745			11838		485	61	24	37
		≥500	9743	9731								9731	368			9363			12	7	5
	班卡乡	<300	49097	49043								49043	3915	13977		31151			54	1	53
	崇岗乡	<300	34258	34110	28780	28780						5330			721	4463		146	148		148

续表

统计单位			总计	块状															单株		
				合计	野生型							栽培型							合计	野生型	栽培型
县	乡镇	年龄级			小计	野生有林	野生疏林	野生灌木	野生园地	野生草地	野生其他	小计	栽培有林	栽培疏林	栽培灌木	栽培园地	栽培草地	栽培其他			
永德县	大山乡	<300	44932	44892								44892				44892			40	1	39
		300~499	3																3		3
		≥500	1																1	1	
	大雪山乡	<300	270772	270639	223564	223564						47075	8027		3882	35107		59	133	4	129
		300~499	14463	14463								14463	3963			10500					
		≥500	9363	9363								9363				9363					
	德党镇	<300	225290	225216	142564	142564						82652	21			80066		2565	74	6	68
		300~499	14	12								12				12			2		2
		≥500	1																1		1
	勐板乡	<300	281015	280903	31709	31709						249194				249194			112		112
		300~499	4																4		4
		≥500	1																1		1
	乌木龙乡	<300	92224	91942	83527	83527						8415	2357	984		5074			282	36	246
		300~499	973	932								932	437			495			41	22	19
		≥500	373	368								368	368						5	3	2
	小勐统镇	<300	199331	199278								199278	8028			191250			53		53
	亚练乡	<300	171493	171168	113068	113068						58100	4423	506		53171			325	4	321
		300~499	7671	7661								7661	6345			831		485	10	2	8
		≥500	4																4	3	1

续表

统计单位		年龄级	总计	块状															单株		
					野生型							栽培型									
县	乡镇			合计	小计	野生有林	野生疏林	野生灌木	野生园地	野生草地	野生其他	小计	栽培有林	栽培疏林	栽培灌木	栽培园地	栽培草地	栽培其他	合计	野生型	栽培型
永德县	永康镇	<300	108441	108403	71012	71012						37391				37391			38		38
		300~499	1																1		1
	小计		540716	537137	269875	269070	805					267262	11463	390		255409			3579	81	3498
		<300	534161	530890	268560	267755	805					262330	11463	390		250477			3271	74	3197
		300~499	6460	6247	1315	1315						4932				4932			213	6	207
		≥500	95																95	1	94
云县	爱华镇	<300	34490	33916	33916	33111	805												574	22	552
		300~499	1403	1315	1315	1315													88	6	82
		≥500	3																3		3
	茶房乡	<300	734																734	8	726
		300~499	60																60		60
		≥500	5																5		5
	大朝山西镇	<300	156919	156196								156196				156196			723		723
		300~499	860	859								859				859			1		1
		≥500	3																3		3
	漫湾镇	<300	108152	107997	1863	1863						106134	11463	390		94281			155		155
		300~499	4103	4073								4073				4073			30		30
		≥500	61																61	1	60

续表

县	乡镇	年龄级	总计	块状合计	野生型小计	野生有林	野生疏林	野生灌木	野生园地	野生草地	野生其他	栽培型小计	栽培有林	栽培疏林	栽培灌木	栽培园地	栽培草地	栽培其他	单株合计	单株野生型	单株栽培型
云县	茂兰镇	<300	114810	114734	114734	114734													76		76
		300~499	7																7		7
		≥500	10																10		10
	幸福镇	<300	116875	116726	116726	116726													149	44	105
		300~499	3																3		3
	大寨镇	<300	1456	1321	1321	1321													135		135
		300~499	2																2		2
	后箐乡	<300	230																230		230
	栗树乡	<300	36																36		36
	忙怀乡	<300	24																24		24
	晓街乡	<300	102																102		102
		300~499	1																1		1
	涌宝镇	<300	333																333		333
		300~499	21																21		21
		≥500	13																13		13
	小计		1020681	1019949	59230	49827			2087		7316	960719	33542			804660	167	122350	732	132	600
镇康县		<300	1020153	1019441	59216	49827			2073		7316	960225	33542			804166	167	122350	712	113	599
		300~499	528	508	14				14			494				494			20	19	1

续表

统计单位			总计	块状															单株		
县	乡镇	年龄级		合计	野生型							栽培型							合计	野生型	栽培型
					小计	野生有林	野生疏林	野生灌木	野生园地	野生草地	野生其他	小计	栽培有林	栽培疏林	栽培灌木	栽培园地	栽培草地	栽培其他			
镇康县	凤尾镇	<300	149848	149838	7316					7316		142522				29884		112638	10	1	9
		300-499	264	261	14				14			247				247			3	3	
	军赛乡	<300	215	131								131				131			84	23	61
		300-499	2																2	2	
	忙丙乡	<300	299678	299580	796	796						298784				298784			98	15	83
		300-499	1	1															1	1	
	勐堆乡	<300	59141	59091	48942	48942						10149				437		9712	50	2	48
	勐捧镇	<300	506062	506058								506058	32375			473516	167		4		4
		300-499	248	247								247				247			1		1
	木场乡	<300	2699	2334	2073				2073			261				261			365	72	293
		300-499	13																13	13	
	南伞镇	<300	2510	2409	89	89						2320	1167			1153			101		101

附表 7 临沧市古茶树资源按分布地类株数统计表

单位：亩、株

统计单位 (县)	统计单位 (乡镇)	分布地类	合计	野生型 小计	野生有林	野生疏林	野生灌木	野生园地	野生草地	野生其他	栽培型 小计	栽培有林	栽培疏林	栽培灌木	栽培园地	栽培草地	栽培其他	单株 合计	单株 野生型	单株 栽培型
		合计	413176.58	335821.96	331856.64	159.14	173.85	2344.23		1288.10	77354.62	6426.44	249.27	317.3	66032.96	8.12	4320.53	17049	1670	15379
		耕地	3428.55	297.17				15.83		281.34	3131.38	34.6	6.64	46.43	1738.74		1311.61	6602	334	6268
		园地	203525.01	139598.50	137270.10			2328.40			63926.51	2251.81	242.63	5.43	61628.28		34.35	7033	658	6375
		林地	199618.69	194261.18	193928.19	159.14	173.85				5357.51	3923.18		262.4	928.22	1.08		2021	447	1574
		草地	888.18	657.53	657.53						230.65	216.85			6.76	7.04		66	3	63
		其他用地	5716.15	1007.58	0.82					1006.76	4708.57			3.04	1730.96		2974.57	1327	228	1099
沧源县		小计	182.09	24.96		24.96					157.13	136.28		20.85				628	78	550
	班老乡	耕地																282	2	280
		园地																		
		林地	179.05	24.96		24.96					154.09	136.28		17.81				170	76	94
		草地																		
		其他用地	3.04								3.04			3.04				176		176
	单甲乡	耕地	2.18								2.18	2.18						62		62
		林地	3.04								3.04			3.04				12		12
		其他用地																47		47
		耕地																1		1
		林地	2.98	2.98		2.98												12	12	
		其他用地																57		57

续表

统计单位			块状															单株		
				野生型							栽培型									
县	乡镇	分布地类	合计	小计	野生有林	野生疏林	野生灌木	野生园地	野生草地	野生其他	小计	栽培有林	栽培疏林	栽培灌木	栽培园地	栽培草地	栽培其他	合计	野生型	栽培型
沧源县	勐角乡	耕地																13		13
	勐角乡	林地	30.36	21.98		21.98					8.38	8.38						55	13	42
	勐省镇	耕地																7		7
	勐省镇	林地	68.33								68.33	68.33								
	勐省镇	其他用地																4		4
	糯良乡	耕地																72	2	70
	糯良乡	林地	75.20								75.20	57.39		17.81				52	14	38
	糯良乡	其他用地																21		21
	班洪乡	耕地																1		1
	班洪乡	林地																19	19	
	班洪乡	其他用地																40		40
	芒卡镇	林地																9	9	
	勐董镇	耕地																24		24
	勐董镇	林地																10	9	1
	勐董镇	其他用地																3		3
	勐来乡	耕地																82		82
	岩帅镇	耕地																20		20
	岩帅镇	林地																1		1
	岩帅镇	其他用地																4		4

续表

| 统计单位 | | 分布地类 | 块状 | | | | | | | | | | | | | | | 单株 | | |
县	乡镇		合计	野生型小计	野生有林	野生疏林	野生灌木	野生园地	野生草地	野生其他	栽培型小计	栽培有林	栽培疏林	栽培灌木	栽培园地	栽培草地	栽培其他	合计	野生型	栽培型
凤庆县	小计	小计	58343.49	42429.29	38833.23		173.32	2313.08		1109.66	15914.20	3167.93		152.56	11206.93	7.04	1379.74	8890	1223	7667
		耕地	1566.38	281.34						281.34	1285.04						1285.04	2506	265	2241
		园地	13520.01	2313.08				2313.08			11206.93				11206.93			4292	564	3728
		林地	42327.04	39006.55	38833.23		173.32				3320.49	3167.93		152.56				1221	236	985
		草地	7.04								7.04					7.04		13	2	11
		其他用地	923.02	828.32						828.32	94.70						94.70	858	156	702
	大寺乡	草地	514.43	281.34					281.34		233.09					233.09		1		1
		耕地																307	14	293
		林地	3351.37	2029.39	2029.39						1321.98	1256.57		65.41				339	29	310
		其他用地	860.87	828.32						828.32	32.55					32.55		163	20	143
		园地	4646.42	1948.29				1948.29			2698.13				2698.13			1776	159	1617
	凤山镇	耕地	8.80								8.80	8.80						1		1
		林地																60		60
		其他用地	0.52								0.52					0.52		18		18
		园地	1334.78								1334.78				1334.78			5		5
	郭大寨	耕地	120.44								120.44					120.44		87	6	81
		林地	238.48								238.48	155.79		82.69				22		22
		其他用地																7		7
		园地	762.18	1.85				1.85			760.33				760.33			44	4	40

续表

统计单位			合计	块状														单株		
				野生型							栽培型							合计	野生型	栽培型
县	乡镇	分布地类	合计	小计	野生有林	野生疏林	野生灌木	野生园地	野生草地	野生其他	小计	栽培有林	栽培疏林	栽培灌木	栽培园地	栽培草地	栽培其他			
凤庆县	鲁史镇	草地	57.68								57.68					57.68		1		1
		耕地	18057.02	17979.65	17979.65						77.37	77.37						605	146	459
		林地	6.50								6.50					6.50		103	13	90
		其他用地	788.12	28.06				28.06			760.06				760.06			146	46	100
		园地	205.48								205.48					205.48		166	64	102
	洛党镇	草地																3	2	1
		耕地	4910.91	4695.37	4522.05		173.32				215.54	212.21		3.33				48	14	34
		林地	1537.77	60.31				60.31			1477.46				1477.46			93	42	51
		其他用地	7.04								7.04						7.04	29	6	23
		园地	176.68								176.68					176.68		129	21	108
	勐佑镇	草地																		
		耕地	3003.11	2624.97	2624.97						378.14	377.54		0.60				22		22
		林地	2.56								2.56					2.56		1		1
		其他用地	1492.95	0.57				0.57			1492.38				1492.38			9		9
		园地																48	1	47
	三岔河镇	草地																1		1
		耕地	329.58								329.58					329.58		329	3	326
		林地	2422.81	2257.77	2257.77						165.04	165.04						74	33	41
		其他用地																16	2	14
		园地	324.29								324.29				324.29			255	1	254

续表

统计单位		分布地类	块状															单林		
县	乡镇		合计	野生型 小计	野生有林	野生疏林	野生灌木	野生园地	野生草地	野生其他	栽培型 小计	栽培有林	栽培疏林	栽培灌木	栽培园地	栽培草地	栽培其他	合计	野生型	栽培型
	诗礼乡	草地																1		1
		耕地	7.68								7.68					7.68		215	2	213
		林地	4017.83	4017.83	4017.83													24		24
		其他用地																55	1	54
		园地	123.39								123.39				123.39			75	1	74
	小湾镇	草地																5		5
		耕地																188	45	143
		林地	1429.96	1390.28	1390.28						39.68	39.68						369	109	260
		其他用地																277	72	205
		园地	391.12	274.00				274.00			117.12				117.12			1279	287	992
	新华乡	耕地	26.72								26.72					26.72		84	28	56
		林地	559.38	559.38	559.38													7	1	6
		其他用地																29	9	20
		园地																23	21	2
凤庆县	雪山镇	耕地	125.95								125.95					125.95		358	7	351
		林地	4327.37	3451.91	3451.91						875.46	874.93		0.53				118	9	109
		其他用地	52.57								52.57					52.57		54	9	54
		园地	2118.99								2118.99				2118.99			284	5	279

续表

县	乡镇	分布地类	块状 合计	野生型 小计	野生有林	野生疏林	野生灌木	野生园地	野生草地	野生其他	栽培型 小计	栽培有林	栽培疏林	栽培灌木	栽培园地	栽培草地	栽培其他	单株 合计	单株 野生型	单株 栽培型
凤庆县	腰街乡	耕地																234		234
	腰街乡	林地																46		46
	腰街乡	其他用地																67		67
	腰街乡	园地																129		129
	腰街乡	草地																1		1
	营盘镇	耕地	1.74								1.74					1.74		28		28
	营盘镇	林地																7		7
	营盘镇	其他用地																1		1
	营盘镇	园地																24		24
	小计		3828.61	0.53			0.53				3828.08	2043.05		52.99	1732.04			308	13	295
		耕地	82.12								82.12	34.60		46.43	1.09			191		191
		园地	2015.48								2015.48	2008.45		5.43	1.60			38		38
		林地	2.20	0.53			0.53				1.67			1.13	0.54			73	13	60
		其他用地	1728.81								1728.81				1728.81			6		6
耿马县	大兴乡	耕地	1.09								1.09				1.09			8		8
	大兴乡	林地	1.07	0.53			0.53				0.54				0.54			12	12	
	大兴乡	园地	1.60								1.60				1.60					
	耿马镇	耕地	46.43								46.43			46.43				108		108
	耿马镇	林地	1.13								1.13			1.13				58		58

续表

县	乡镇	分布地类	合计	野生型 块状 小计	野生有林	野生疏林	野生灌木	野生园地	野生草地	野生其他	栽培型 块状 小计	栽培有林	栽培疏林	栽培灌木	栽培园地	栽培草地	栽培其他	单株 合计	野生型	栽培型
耿马县	勐简乡	其他用地	1728.81								1728.81				1728.81			6		6
	勐撒镇	耕地	34.60								34.60	34.60						11		11
		园地																26		26
	勐永镇	耕地																1		1
		园地	2008.45								2008.45	2008.45						11		11
	孟定镇	园地	5.43								5.43			5.43				1		1
	贺派乡	耕地																61		61
	四排山乡	耕地																2		2
		林地																3	1	2
	小计		15980.75	9303.03	9303.03						6677.72		34.70		4271.06		2371.96	1143		1143
		耕地																334		334
		园地	4271.06								4271.06				4271.06			368		368
		林地	9337.73	9303.03	9303.03						34.70		34.70					369		369
		草地																17		17
		其他用地	2371.96								2371.96						2371.96	55		55
临翔区	邦东乡	其他用地	584.40								584.40					584.40				
	博尚镇	园地	3738.23								3738.23				3738.23			40		40
		其他用地	41.85								41.85						41.85			

续表

统计单位		分布地类	合计	块状															单株		
县	乡镇			野生型							栽培型							合计	野生型	栽培型
				小计	野生有林	野生疏林	野生灌木	野生园地	野生草地	野生其他	小计	栽培有林	栽培疏林	栽培灌木	栽培园地	栽培草地	栽培其他			
临翔区	凤翔街道	草地																6		6
		耕地																20		20
		其他用地	228.41								228.41					228.41		7		7
		园地																93		93
	马台乡	耕地																41		41
		其他用地	1509.96								1509.96					1509.96		9		9
	南美乡	草地																11		11
		耕地																		
		林地	9337.73	9303.03	9303.03						34.70		34.70					100		100
		园地	532.83								532.83				532.83					
	圈内乡	其他用地	7.34								7.34					7.34		26		26
		园地																2		2
	蚂蚁堆乡	草地																55		55
		耕地																369		369
		林地																47		47
		园地																72		72
	忙畔街道	耕地																48		48
		其他用地																		
		园地																45		45

续表

统计单位		分布地类	合计	块状（野生型）							块状（栽培型）							单株		
县	乡镇			小计	野生有林	野生疏林	野生灌木	野生园地	野生草地	野生其他	小计	栽培有林	栽培疏林	栽培灌木	栽培园地	栽培草地	栽培其他	合计	野生型	栽培型
临翔区	平村乡	耕地	169008.88	137326.78	137326.78						31682.1				31682.1			121		121
	章驮乡	耕地	168935.91	137270.10	137270.10						31665.81				31665.81			14		14
	章驮乡	园地	72.97	56.68	56.68						16.29				16.29			17		17
	小计																	437	60	377
		耕地																26		26
		园地																325	3	322
		林地																58	57	1
		草地																1		1
		其他用地																27		27
双江县	邦丙乡	草地																1		1
		耕地																3		3
		其他用地																4		4
		园地	2866.58	2726.55	2726.55						140.03				140.03			42		42
	大文乡	园地	24982.64	24963.52	24963.52						19.12				19.12			5	5	
	忙糯乡	林地	39.31	39.31	39.31													23	23	
		园地	2712.79	2622.33	2622.33						90.46				90.46			1	1	
	勐库镇	林地	16.29								16.29				16.29					
		园地	57679.97	44460.01	44460.01						13219.96				13219.96			10		10

续表

县	乡镇	分布地类	块状 合计	野生型 小计	野生有林	野生疏林	野生灌木	野生园地	野生草地	野生其他	栽培型 小计	栽培有林	栽培疏林	栽培灌木	栽培园地	栽培草地	栽培其他	单株 合计	单株 野生型	单株 栽培型
双江县	勐勐镇	耕地																3		3
		林地	17.37	17.37	17.37													29	29	
		园地	42026.60	40196.55	40196.55						1830.05				1830.05			2	2	
	沙河乡	耕地																20		20
		林地																1		1
		其他用地																13		13
		园地	38667.33	22301.14	22301.14						16366.19				16366.19			280		280
	小计		126219.01	115092.15	115092.15						11126.86	735.36	208.35	90.90	10026.45		65.80	1332	83	1249
		耕地	401.96								401.96				375.39		26.57	467	56	411
		园地	9021.87								9021.87	243.36	6.64		8737.52		34.35	690	6	684
		林地	116788.15	115092.15	115092.15						1696.00	492.00	201.71	90.90	911.39			56	3	53
		其他用地	7.03								7.03				2.15		4.88	119	18	101
永德县	班卡乡	耕地	51.08								51.08				51.08			27		27
		林地	393.16								393.16	69.53	184.55		139.08			11		11
		其他用地																1	1	
	崇岗乡	园地	262.41								262.41				262.41			15	1	14
		耕地	7.21								7.21				4.82	2.39		17		17
		林地	5172.01	5140.48	5140.48						31.53			10.76	20.77					
		其他用地	1.68								1.68				1.68			2		2
		园地	54.77								54.77				54.77			129		129

续表

统计单位		分布地类	合计	块状														单株		
县	乡镇			野生型							栽培型							合计	野生型	栽培型
				小计	野生有林	野生疏林	野生灌木	野生园地	野生草地	野生其他	小计	栽培有林	栽培疏林	栽培灌木	栽培园地	栽培草地	栽培其他			
永德县	大山乡	耕地																1		1
		林地																1	1	
		其他用地																18		18
		园地	781.40								781.40				781.40			24	1	23
	大雪山乡	耕地	1.76								1.76				1.76			35	4	31
		林地	34986.77	34312.69	34312.69						674.08	145.83		80.14	448.11			7		7
		其他用地	1.83								1.83					1.83				
		园地	646.61								646.61	71.26			575.35			91		91
	德党镇	耕地	143.59								143.59				127.50	16.09		26	1	25
		林地	23968.91	23933.59	23933.59						35.32				35.32					
		其他用地	3.05								3.05					3.05		14	4	10
		园地	1226.80								1226.80	3.04			1189.41	34.35		37	1	36
	勐板乡	耕地	6.79								6.79				6.79			4		4
		林地	4817.68	4817.68	4817.68															
		园地	2383.20								2383.20				2383.20			113		113
	乌木龙乡	耕地	2.29								2.29				2.29			189	48	141
		林地	13864.59	13840.62	13840.62						23.97	0.55	8.33		15.09			31	2	29
		其他用地																39	10	29
		园地	188.70								188.70	87.85		6.64	94.21			69	1	68

统计单位		分布地类	块状															单株		
县	乡镇		合计	野生型							栽培型							合计	野生型	栽培型
				小计	野生有林	野生疏林	野生灌木	野生园地	野生草地	野生其他	小计	栽培有林	栽培疏林	栽培灌木	栽培园地	栽培草地	栽培其他			
永德县	小勐统镇	林地	63.70								63.70	63.70								
		园地	2301.42								2301.42	21.74			2279.68			53		53
	亚练乡	耕地	187.82								187.82		8.83		179.73	8.09		167	3	164
		林地	19318.94	18844.70	18844.70						474.24	212.39			253.02			6		6
		其他用地																35	4	31
	永康镇	园地	531.39								531.39	59.47			471.92			131	2	129
		耕地	1.42								1.42				1.42			1		1
		林地	14202.39	14202.39	14202.39															
		其他用地	0.47								0.47				0.47			10		10
		园地	645.17								645.17				645.17			28		28
	小计		34090.96	30777.28	30643.10	134.18					3313.68	126.97	6.22		3180.49			3579	81	3498
		耕地																2545		2545
		园地	3180.49								3180.49				3180.49			900		900
		林地	30910.47	30777.28	30643.10	134.18					133.19	126.97	6.22					31	30	1
		草地																32		32
		其他用地																71	51	20
云县	爱华镇	草地																3		3
		耕地																251		251
		林地	3701.50	3701.50	3567.32	134.18												28	28	

续表

统计单位 县	乡镇	分布地类	块状 合计	野生型 小计	野生有林	野生疏林	野生灌木	野生园地	野生草地	野生其他	栽培型 小计	栽培有林	栽培疏林	栽培灌木	栽培园地	栽培草地	栽培其他	单株 合计	单株 野生型	单株 栽培型
云县	爱华镇	其他用地																3		3
		园地																380		380
	大朝山西镇	耕地																625		625
		园地	1121.04								1121.04				1121.04			102		102
	漫湾镇	耕地																217		217
		林地	341.85	208.66	208.66						133.19	126.97	6.22					2	1	1
		其他用地																2		2
		园地	2059.45								2059.45				2059.45			25		25
	茂兰镇	耕地																11		11
		林地	12992.79	12992.79	12992.79															
		园地																82		82
	幸福镇	耕地																14		14
		林地	13654.14	13654.14	13654.14													1	1	
		其他用地																43	43	
	茶房乡	园地																94		94
		草地																29		29
		耕地																663		663
		其他用地																14	8	6
		园地																93		93

续表

统计单位 县	乡镇	分布地类	块状 合计	野生型 小计	野生有林	野生疏林	野生灌木	野生园地	野生草地	野生其他	栽培型 小计	栽培有林	栽培疏林	栽培灌木	栽培园地	栽培草地	栽培其他	单株 合计	单株 野生型	单株 栽培型
云县	大寨镇	林地	220.19	220.19	220.19													137		137
		耕地																198		198
	后箐乡	耕地																1		1
		其他用地																31		31
		园地																36		36
	栗树乡	园地																10		10
		耕地																14		14
	忙怀乡	园地																64		64
	晓街乡	耕地																39		39
		园地																355		355
	涌宝镇	耕地																8		8
		其他用地																4		4
镇康县	小计		5522.79	867.94	658.35			31.15		178.44	4654.85	216.85			3933.89	1.08	503.03	732	132	600
	耕地		1378.09	15.83				15.83			1362.26				1362.26			251	11	240
	园地		2580.19	15.32				15.32			2564.87				2564.87			420	85	335
	林地		1.08								1.08					1.08		43	32	11
	草地		881.14	657.53	657.53						223.61	216.85			6.76			3	1	2
	其他用地		682.29	179.26	0.82					178.44	503.03						503.03	15	3	12

续表

县	乡镇	分布地类	合计	块状 野生型							块状 栽培型							单株		
				小计	野生有林	野生疏林	野生灌木	野生园地	野生草地	野生其他	小计	栽培有林	栽培疏林	栽培灌木	栽培园地	栽培草地	栽培其他	合计	野生型	栽培型
镇康县	凤尾镇	其他用地	539.78	178.44					178.44		361.34					361.34		13	4	9
		园地	125.92	1.28				1.28			124.64				124.64			3	1	2
	军赛乡	草地																31	5	26
		耕地	2.08								2.08				2.08			25	15	10
		林地																15	3	12
		其他用地																12	1	11
		园地	0.85								0.85				0.85			32		32
	忙丙乡	耕地	49.52	49.52	49.52													16	16	
		园地	1573.01								1573.01				1573.01			51		51
	勐堆乡	林地	610.63	603.87	603.87						6.76				6.76			11		11
		其他用地	142.51	0.82	0.82						141.69					141.69		1	1	
		园地	1.04								1.04				1.04			37		37
	勐捧镇	耕地	1351.46								1351.46				1351.46			3		3
		草地	1.08								1.08						1.08			
		林地	202.44								202.44	202.44						1	1	
		园地	854.39								854.39				854.39			1		1

续表

统计单位		分布地类	块状																	单株		
			合计	野生型							栽培型								合计	野生型	栽培型
县	乡镇			小计	野生有林	野生疏林	野生灌木	野生园地	野生草地	野生其他	小计	栽培有林	栽培疏林	栽培灌木	栽培园地	栽培草地	栽培其他				
镇康县	木场乡	耕地	20.71	15.83				15.83			4.88				4.88			72	5	67
	木场乡	园地	14.04	14.04				14.04										306	80	226
	南伞镇	耕地	3.84								3.84				3.84			101		101
	南伞镇	林地	18.55	4.14	4.14						14.41	14.41								
	南伞镇	园地	10.94								10.94				10.94					

统计单位		属性	植被类型	合计		单层林		复层林	
州市	县			面积	株树	面积	株树	面积	株树
合计		合计		413176.58	10817677	78496.86	3808757	334679.72	7008920
临沧市		自然植被	小计	375635.1	8888485	73701.91	3221976	301933.19	5666509
			常绿阔叶林	346336.23	7814408	54306.1	2265878	292030.13	5548530
			硬叶常绿阔叶林	4039.81	20200			4039.81	20200
			落叶阔叶林	5384.09	65445	3005.24	34833	2378.85	30612
			暖性针叶林	21.87	479	10.44	239	11.43	240
			灌丛	16540.16	921993	16366.31	920596	173.85	1397
			竹林	13.82	430	13.82	430		
			稀树灌木草丛	3299.12	65530			3299.12	65530
		人工植被		37541.48	1929192	4794.95	586781	32746.53	1342411
	沧源县		小计	182.09	6813			182.09	6813
		自然植被	落叶阔叶林	2.98	39			2.98	39
			硬叶常绿阔叶林	21.98	110			21.98	110
		人工植被		157.13	6664			157.13	6664
	凤庆县		小计	58343.49	1374138	17322.64	1009646	41020.85	364492
		自然植被	常绿阔叶林	29795.19	180075	87.87	715	29707.32	179360
			灌丛	10753.05	696588	10579.73	695201	173.32	1387
			落叶阔叶林	5020.87	62634	2645	32061	2375.87	30573
			稀树灌木草丛	3269.25	63457			3269.25	63457
			硬叶常绿阔叶林	4017.83	20090			4017.83	20090
	耿马县		小计	3828.61	520735	3239.03	472099	589.58	48636
		自然植被	常绿阔叶林	1247.19	124366	1247.19	124366		
			灌丛	1417.23	60173	1416.7	60163	0.53	10
		人工植被		1164.19	336196	575.14	287570	589.05	48626
	临翔区		小计	15980.75	445390	6677.72	212813	9303.03	232577
		自然植被	常绿阔叶林	15966.93	444960	6663.9	212383	9303.03	232577
			竹林	13.82	430	13.82	430		
	双江县		小计	169008.88	5405122	3769.17	117577	165239.71	5287545
		自然植被	常绿阔叶林	137512.08	4403111	241.98	10468	137270.1	4392643
			灌丛	3516.75	106870	3516.75	106870		
			暖性针叶林	21.87	479	10.44	239	11.43	240
		人工植被		27958.18	894662			27958.18	894662

续表

统计单位		属性	植被类型	合计		单层林		复层林	
州市	县			面积	株树	面积	株树	面积	株树
临沧市	永德县		小计	126219.01	1508393	9957.35	752012	116261.66	756381
		自然植被	常绿阔叶林	124119.79	1382185	9027.64	687961	115092.15	694224
			灌丛	853.13	58362	853.13	58362		
		人工植被		1246.09	67846	76.58	5689	1169.51	62157
	云县		小计	34090.96	537137	34090.96	537137		
		自然植被	常绿阔叶林	33597.53	522512	33597.53	522512		
			落叶阔叶林	360.24	2772	360.24	2772		
		人工植被		133.19	11853	133.19	11853		
	镇康县		小计	5522.79	1019949	3439.99	707473	2082.8	312476
		自然植被	常绿阔叶林	4097.52	757199	3439.99	707473	657.53	49726
			稀树灌木草丛	29.87	2073			29.87	2073
		人工植被		1395.4	260677			1395.4	260677

参考文献

［1］魏小平主编.云南省古茶园（树）资源［M］.昆明：云南科技出版社，2017.

［2］吴垠主编.茶源地理：临沧［M］.广州：世界图书出版广东有限公司社，2016.

［3］林世兴编箸云南山头茶［M］.昆明：云南科技出版社，2013.

［4］云南省茶业协会，《云南省临沧市古茶树资源概况》，2012（4）.

［5］云南省林业和草原局 云南省自然资源厅 云南省农业农村厅，《云南省古茶树资源调查报告》［内部资料］，2020（11）.

［6］国家林业局中南林业调查规划设计院，《云南省临沧市森林资源规划设计调查汇总报告》［内部资料］，2015（12）.

［7］国家林业局中南林业调查规划设计院，《云南省沧源佤族自治县森林资源规划设计调查报告》［内部资料］，2015（12）.

［8］国家林业局中南林业调查规划设计院，《云南省凤庆县森林资源规划设计调查报告》［内部资料］，2015（12）.

［9］国家林业局中南林业调查规划设计院，《云南省耿马傣族佤族自治县森林资源规划设计调查报告》［内部资料］，2015（12）.

［10］国家林业局中南林业调查规划设计院，《云南省临翔区森林资源规划设计调查报告》［内部资料］，2015（12）.

［11］国家林业局中南林业调查规划设计院，《云南省双江拉祜族佤族布朗族傣族自治县森林资源规划设计调查报告》［内部资料］，2015（12）.

［12］国家林业局中南林业调查规划设计院，《云南省永德县森林资源规划设计调查报告》［内部资料］，2015（12）.

［13］国家林业局中南林业调查规划设计院，《云南省镇康县森林资源规划设计调查报告》［内部资料］，2015（12）.